孩子 这样吃 更长高

胡维勤 主编

黑龙江科学技术出版社
HEILONGJIANG SCIENCE AND TECHNOLOGY PRESS

图书在版编目（CIP）数据

孩子这样吃，更长高 / 胡维勤主编. -- 哈尔滨：黑龙江科学技术出版社，2016.4（2023.8重印）

ISBN 978-7-5388-8610-8

Ⅰ．①孩… Ⅱ．①胡… Ⅲ．①儿童—食谱 Ⅳ．① TS972.162

中国版本图书馆 CIP 数据核字（2015）第 263199 号

孩子这样吃，更长高

HAIZI ZHEYANG CHI，GENG ZHANGGAO

主　　编	胡维勤	
责任编辑	刘　杨	
封面设计	深圳市金版文化发展股份有限公司	
出　　版	黑龙江科学技术出版社	
	地址：哈尔滨市南岗区公安街70-2号　邮编：150007	
	电话：（0451）53642106　传真：（0451）53642143	
	网址：www.lkcbs.cn	
发　　行	全国新华书店	
印　　刷	三河市燕春印务有限公司	
开　　本	723 mm×1020 mm　1/16	
印　　张	15	
字　　数	200 千字	
版　　次	2016 年 4 月第 1 版	
印　　次	2023 年 8 月第 2 次印刷	
书　　号	ISBN 978-7-5388-8610-8	
定　　价	68.00 元	

目录 Contents

Part 1

助力长高，成就孩子更"高"未来

Part 2

"特效"食物这样吃，孩子更长高

Part 3

婴幼儿期，开启身高增长引擎

092 / 身高特点

093 / 长高妙招

097 / 推荐食谱

Part 4

学前期，益智长高两不误

120 / 身高特点

121 / 长高妙招

124 / 推荐食谱

Part 5

学龄期，平稳长高不抢"跑"

152 / 身高特点

153 / 长高妙招

156 / 推荐食谱

Part 6

青春期，挑战生长障碍长更高

184 / 身高特点

185 / 长高妙招

188 / 推荐食谱

226 / 附录1　专家连线

228 / 附录2　常见食物营养成分表

助力长高，
成就孩子更"高"未来

当您正在为孩子的身高问题发愁，或想着怎么去改进，却不得其法的时候，来看看这些"秘诀"吧。它们会告诉您，孩子身高增长的基础知识，以及怎样帮助孩子长得更高的妙法，让您的孩子实现自然、科学地长高。

也许您正在为孩子的身高隐隐担忧，自己孩子的长高速度有问题吗？哪些因素会影响孩子身材的高矮呢？孩子的长个关键期又是什么时候？……耐心一些，了解这些基础知识有备无患。

01 影响孩子长高的因素

个体的身心发育状况，是遗传与后天环境相互作用的结果。因此，每一个孩子身材的高矮，也是由多种因素决定的，家长们对这些了然于胸，才能有的放矢，扬长避短。

1 **遗传**：遗传基因对个体身高起着主要的作用。看看父母的身高、体型，评估一下孩子的生长发育状况，大概就能预测一个孩子成年后的身高。一般而言，个子高的父母，他们的孩子也会长得高一些，但很多个子矮的父母也无须太过担心，后天因素如果控制得好，孩子完全可以长得更高。

2 **骨骼**：长高，其实就是骨骼的生长和增高。其中，和身高关系最为密切的是上下肢长骨。孩子在生长发育过程中，长骨两端骨骺间的软骨逐渐增长、骨化，使长骨长长、长粗，人也随之长高。青春期过后，软骨板和骨骺逐渐开始融合，骨骼生长也随之减慢。直至软骨板与骨骺完全融合在一起，长骨的生长就停止了，身高增长趋于停止。一般女孩的骨骺18～20岁完全闭合，男孩的骨骺在20～22岁完全闭合。严重的营养不良、软骨发育不全等多种疾病，均可妨碍骨骼的生长和发育，导致孩子身材矮小。

3 **激素**：激素对于孩子的生长发育起着关键作用。其中，生长激素与人的身高密切相关。生长激素可以促进骨、软骨以及其他组织的生长，一般情况下，生长激素分泌得越多、持续时间越长，孩子就长得越高。通常，生长激素在晚上10点至凌晨2点左右分泌最为旺盛，这也是孩子在睡觉时长得快的原因所在。此外，甲状腺素可以促进机体的新陈代谢，配合生长激素一起协同促进孩子的生长和发育；肾上腺激素的分泌是否正常，更是直接关系着孩子未来的身高，尤其是对青春期孩子的身高影响最大。

④ **营养：** 营养的供给会影响身高的增长和身体其他各系统的功能，而且年龄越小，受营养的影响越大。尤其是在孩子生长发育的关键期，营养不良会严重影响孩子日后的体格和智力发育，让孩子长高的可能性大大降低；而营养过剩易导致孩子性早熟和肥胖，也会阻碍孩子长高。同时，核心营养素的缺乏，尤其是钙、锌、磷、维生素D、维生素A、维生素C等与骨骼生长密切相关的营养素的缺乏，都会直接影响到孩子的骨骼生长。

⑤ **运动：** 适量的体育锻炼能促进骨骼、肌肉、韧带、关节的发育及其功能的完善。在明媚的阳光下，呼吸新鲜空气，做适度运动，可强壮孩子的体魄，增进其食欲，帮助孩子长高。而平时很少运动的孩子不仅活动能力弱、反应不灵敏、耐力差、容易疲劳，身高增长也显得慢。

⑥ **其他：** 除上述因素之外，经常熬夜、不良饮食和生活习惯、缺乏父母的关爱、生活环境差、心理压力大、孩子性早熟等因素都会不同程度地影响孩子的长高。家长要重视孩子的发育情况，生活中多观察孩子，注意防微杜渐，一旦出现异常状况，就要及时进行调整。

02 了解孩子长高的黄金期

◦ 婴幼儿期——快速长高期

婴幼儿期，特别是孩子出生的头一年，是长个子的关键期，一般会长高25～30厘米，此后的1岁到3岁之间生长也较快。这一时期，孩子的营养供给和喂养方式对身高的影响非常显著，家长尤其要重视。

在保证孩子摄入全面、均衡营养的基础上，家长要多注意饮食的多样化，以满足孩子生长发育所需的各种营养物质，让"吃"成为他们的一种乐趣。此外，给宝宝的营养也要适量。不足，会导致宝宝生长发育迟缓；过量，又容易导致宝宝肥胖，为他们长大以后罹患各种慢性疾病埋下隐患。

◦ 儿童期——平稳长高期

3岁以后直到青春期到来前，孩子的身高依然增长较快，只是"加速度"相较婴儿期明显放缓。这一时期的长高任务，就是积聚骨骼下一次生长所需的营养物质，同时也加强骨骼的坚硬度，让孩子长得更结实健康。

家长应保持合理的营养供给，让孩子进行适当的锻炼，减少疾病的发生。在这一时期，家长要注意培养孩子良好的生活习惯、正确的坐姿和走路姿势，纠正孩子不正确的习惯和姿势。此外，对于有些发育较快的孩子，家长要留意孩子的生理变化，一旦发现孩子有性早熟的倾向，除了要及时带孩子就医检查之外，还要特别关注孩子的心理，帮助孩子适应自己身体的新变化。

◦ 青春期——身高突增期

青春期是孩子快速长高的另一关键期。在身体激素的作用下，骨骼的生长不断加速，有的孩子甚至会在几个月里就长出一年才能长出的高度。这一时期，保证充足的睡眠和适当的运动，能帮助孩子长高。

此外，随着孩子长高加速，家长会发现孩子的食欲大增，脾气变大，第二性征也开始发育了。面对这些突然的变化，孩子们可能会出现不安的情绪反应，家长则应对孩子多鼓励、多关怀，及时帮助孩子解惑答疑，平稳地度过这个特别的时期。

03 正确评估孩子的生长状况

孩子的长高有其自然规律，有时长得快，有时长得慢，家长们大可不必过于心焦。因此，正确评估孩子的生长状况，在长高的加速期为孩子"加油鼓劲"，探索"长高"才不会徒劳无功。

首先，您得了解孩子的正常生长速度。

虽然每个孩子的生长各不相同，不过还是有一个大致的趋势。一般孩子出生时的平均身高约为50厘米，出生第1年内，身高增长速度最快，平均增长25～30厘米。1～3岁，平均每年增长10～11厘米。3岁以后身高稳步增长，平均每年增长5～8厘米，直至青春早期开始出现第2个生长加速期。整个青春期下来，大部分男孩能长30厘米左右，女孩长约25厘米。青春期过后，骨骺已慢慢闭合，就基本不会再长高了。

其次，您得学会科学评估自己孩子的生长情况。

○ 计算孩子的靶身高

靶身高也叫遗传身高，是孩子成年后能达到的最终身高。靶身高反映了父母平均身高，即遗传对孩子身高的影响。孩子的靶身高可按以下方式计算：

男孩成年身高（厘米）=（父亲身高+母亲身高+12）÷2±4

女孩成年身高（厘米）=（父亲身高+母亲身高-12）÷2±4

根据以上方式计算出的身高范围对大部分孩子有效。如果孩子现在的身高和最终的身高在靶身高±4的范围内，是正常的；反之则应寻找原因进行干预。

○ 算算孩子的年身高增长率

所谓年身高增长率，顾名思义，就是指一年之中孩子长高的比率。年身高增长率是家长记录孩子目前身高的有效方式。家长可以每3个月或半年测一次。

假如每3个月测一次，这期间孩子长高了2厘米，年身高增长率就是：（12个月÷3个月）×2厘米=8厘米/年。假如每6个月测一次，这期间孩子长高了5厘米，年身高增长率就是：（12个月÷6个月）×5厘米=10厘米/年。若多次测量结果不同，可取平均值。

根据孩子长高的正常速度，只要自己孩子的增高速度在正常范围之内、身高水平在同龄人的上下两个标准差以内，都属于正常情况。但如果孩子到了生长发育快速期，身高迟迟不见长，或增长越来越慢，就要考虑是否属于异常状况，最好能去医院检查。

○ 看骨龄，预测孩子的未来身高

孩子身高的增长要结合"骨龄"一起评估。所谓骨龄，即指骨头的年龄。骨龄不仅可以确定孩子的生物学年龄，而且还可以通过骨龄及早了解孩子的生长发育潜力及性成熟的趋势，并预测孩子的成年身高。可以说，骨龄在很大程度上代表了孩子的真正发育水平，用骨龄判定人体成熟度比实际年龄更为确切。一般，女孩的长骨在骨龄16～17岁时，会停止生长；而男孩，会在18～19岁时停止生长。长骨生长的停止，也就意味着身高增长基本停止。

骨龄的测定还对一些内分泌疾病的诊断有帮助，可以指导一些身材矮小患者的治疗。医生通常会根据拍摄的手腕部X光正位片来确定骨龄，骨龄与生理年龄相差±1岁以内为正常。但在疾病状态下，则可能有较大差异，如生长激素缺乏时骨龄会落后，性早熟时又会提前，这些都会造成孩子成年后身高降低。

饮食营养，让孩子赢在"高"处

饮食是孩子生长发育的原动力。要想长得高，首先要"会吃"，尤其在生长发育快速的时期，更需要家长提供科学、合理的营养供给，才能保证孩子健康快乐地成长。

01 孩子长高必备的营养素

蛋白质，孩子健骨长高的源泉

蛋白质是生命活动的物质基础，孩子从饮食中摄取到体内的蛋白质会生长成为血、肉、骨骼。骨细胞分化，骨的形成、再建和更新等都需要蛋白质的参与。适量摄取优质蛋白质，还能促进肌肉发达。此外，蛋白质还可以促进与身高密切相关的成长激素的分泌。因此，完全可以说，蛋白质是骨骼生长发育的重要支柱，是孩子健骨长高之源。

维生素，孩子快速长高的秘诀

孩子骨骼的形成和长高都离不开维生素的参与。若孩子缺乏维生素D会造成钙的吸收不足，而导致骨矿化不足，形成佝偻病；维生素A缺乏会使骨骼变短变厚；维生素C缺乏会使骨细胞间质形成缺陷而变脆，这些都会影响孩子长高。由于很多维生素人体不能合成，因此，必须通过饮食来摄取。

钙，孩子骨骼强健的保障

钙是构成骨骼的主要成分，也是骨骼发育的基本原料，孩子的长高与钙的吸收有着直接的关系。一旦钙摄入不足，骨骼的生长发育就会变缓，使身材矮小。而且人体中的钙会流失，孩子只能吸收食物中摄入的一小部分，因此，必须注重补充钙质。但是，补钙也要适量。若长期补钙过量，也可能导致软骨过早钙化，骨骺提早闭合，使长骨的发育受到影响。而且骨中的钙含量过多，还会使骨质变脆，易发生骨折。

锌，孩子生长发育的提速器

锌是促进孩子生长发育的关键元素之一，对骨骼、皮肤的生长和维持性器官的正常功能起着重要的作用，孩子一旦缺锌就会引起生长发育障碍。锌缺乏还会影响生长激素、胰岛素等与长高密切相关的激素的合成、分泌与活力，造成生长缓慢。而且，孩子锌摄入不足，也会使蛋白质的合成减少，进而影响孩子的生长发育。

02 科学饮食，让孩子茁壮成长

一些家长虽然关注孩子的日常饮食，可孩子还是经常有"营养不良""营养过剩"，或两者并存的问题。显然，呵护孩子的成长，并不仅仅是营养的单纯供给，关键在于"得法"。

❶ 平衡膳食、均衡营养

平衡膳食是通过各种食物的合理搭配及正确的喂养实现的。其中谷物、肉蛋类、蔬果以及奶类，是构成平衡膳食的主要食物，可为孩子的成长提供蛋白质、糖类、脂肪、维生素、矿物质等营养素。家长要以"平衡膳食"为出发点，妥善地安排孩子的日常饮食，并依据多样、均衡、适量的原则，帮助孩子合理摄取多种营养。

❷ 蛋白质的供应要充足

处于生长发育期的孩子，对蛋白质的需求比成人大很多，如果供给不足，则会直接影响到身高增长。蛋白质的主要食物来源为瘦肉、鱼虾类、禽蛋类、乳类、豆类及其制品等。此外，胶原蛋白和黏蛋白是构成骨骼的有机成分，可适当补充猪皮、猪蹄、鱼肉等食物。

❸ 适量补充维生素

日常饮食中宜适量补充富含维生素，尤其是富含维生素 A、维生素 D、维生素 C 的食物。家长平时可给孩子多准备包含白菜、胡萝卜、西红柿、青椒、苹果、橘子、瘦肉、动物肝脏等食材的膳食，并注意荤素搭配、色泽搭配等，以增进孩子的食欲。

❹ 矿物质不可少

钙、锌、铁等矿物质与儿童的生长发育有密切的关系，这些营养素缺乏，对孩子的骨骼生长、智力发育和免疫系统的发育影响都很大。在饮食中需要适量补充牛奶、鸡蛋、鱼虾等含钙高的食物，瘦肉、牡蛎、花生、核桃等含锌高的食物，动物肝脏、黑木耳、红枣等含铁量高的食物。

❺ 正确给予零食

孩子们正处于生长发育期，对热量的需求量大，除了正餐以外的时间也常常会感到饥饿，因此就需要零食的补充。给予何种零食以及如何进食将有可能影响到孩子的饮食习惯，从而影响到孩子的健康。孩子的零食应以水果、牛奶、酸奶、面包、饼干等为主，尽量避免含食物色素、香精、调味剂的加工零食，油炸或高脂肪食品，加工果汁、碳酸饮料等。注意不要让孩子在吃正餐的 2 小时以内，或临睡前吃零食。

❻ 避免营养过剩与肥胖

营养不良的孩子当然长不好、长不高，但营养过剩、肥胖也会限制孩子长高。营养过剩或肥胖往往会造成骨龄生长速度比实际年龄快，骨骺提早闭合，限制孩子长高。防治孩子营养过剩与肥胖，需要培养孩子健康的饮食习惯，合理摄取蛋白质，增加饮食中新鲜蔬果、粗粮的摄入量；不盲目进食高脂肪、高糖食品以及补品，少吃零食和油炸食品，多参与体育锻炼来消耗多余的热量和脂肪。

❼ 饮水要充足

水可以促进机体新陈代谢，使体内的毒素易于排出，有助于生长发育。青少年以及儿童对水的需求量尤其多，每天饮水需 2000 毫升左右，约 10 杯。可以采取清晨喝温开水、早餐喝豆浆、午餐喝汤、睡觉前喝牛奶、运动前喝淡盐水等方式饮水。

❽ 培养健康的饮食习惯

家长要以身作则，带领和指引孩子培养健康的饮食习惯，不仅有利于营养的均衡摄入，而且对孩子的身高、智力和心理的发育都有帮助。家长给孩子的饮食要多样化，不能助长孩子偏食或挑食的举动；养成孩子定时定点进餐的习惯，即一日三餐按时吃饭，中间可适当加餐，但量要少，避免让孩子过饥或过饱；孩子一定要吃早餐，并且要吃好；引导孩子专心进食、快乐用餐，如吃饭细嚼慢咽、不边吃边玩、不大声喧哗等。

03 孩子四季增高饮食要点

春季，"补钙"正当时

　　春季气候温和，有利于身体的新陈代谢和生长激素的分泌，是孩子骨骼生长的黄金季节，而且春天补钙也更易吸收。家长除了要为孩子安排合理的膳食，让孩子摄取均衡的营养之外，还应注意让孩子多吃些富含蛋白质的食物；适量增加钙质的摄入，并同时补充鱼肝油；摄入富含维生素A、维生素C以及富含锌、铁的食物，如各种新鲜的蔬果、坚果等，并辅以少量杂粮。还要注意多晒太阳，补充维生素D，以增加钙的吸收。

夏季，"清补"更适宜

　　夏天天气炎热，孩子容易吃不好、睡不好，而且体能消耗大，因此更需要增加营养。夏天孩子的饮食宜以清淡为主，同时不能忘记保证孩子充足的营养。除了要保证蛋白质的供给充足外，还要多吃新鲜的蔬菜瓜果，尤其是绿叶蔬菜；膳食要易于消化，适量多吃些凉拌或焯拌的菜肴以增加食欲；多食具有清补（鸭肉、鱼、豆腐、鸡蛋等）和清热祛暑（绿豆、苦瓜等）作用的食物；多饮凉白开水，但切忌饮食过凉。

秋季，"去燥"更滋润

　　孩子生长发育快，在秋天这种干燥的季节中，倘若不注意"去燥"，就容易引发便秘、口疮等"上火"症状，因此孩子秋季饮食要注意"润燥、去燥"。家长要给孩子多吃些蔬菜和瓜果，如上海青、芹菜、莲藕、苹果、梨等；饮食要以清淡为主，搭配优质蛋白质及适量脂肪以满足孩子的生长需要；忌辛热食物，如辣椒、花椒、羊肉等。

冬季，长高且"蓄力"

　　冬季是蓄力待发的季节，家长们应当抓住这个良好的时期，为孩子的生长发育提供适当的营养。冬季孩子的饮食宜清淡少油腻，需增加蔬菜和菌藻类食物的摄入量，如白菜、上海青、萝卜、香菇、银耳、海带等。另外，家长在给孩子安排饮食时可适当增加厚味，但仍不可忘记均衡膳食的原则。

三大法宝，为孩子长高加速

如果把孩子的身高比喻成一棵树，那么饮食就是大树长高重要的养分，而运动与睡眠就像阳光和空气，不可缺少，如果再加点儿"爱"，定能长得亭亭玉立或高大挺拔。

01 合理运动，刺激骨骼助长高

适量运动，"拔高"孩子

经常参加适宜长高的体育锻炼，能加强机体新陈代谢，加速全身血液循环，促进生长激素的分泌，保障骨骼肌和脑细胞得到充足的营养，使骨骼变长、变粗，骨质密度增厚，抗压抗折能力加强。而且，运动之后孩子往往心情愉快、一身轻松，胃口也会变得格外好，使得营养物质能够得到很好的吸收，这些都会对身高的增长起到一定的作用。运动还能够有效改善睡眠质量，所以也间接地保障了正常的生长发育。

精选项目，高效运动

孩子适当锻炼是必要的，更重要的是让孩子进行效率高、容易促进个子长高的运动项目。一般而言，对孩子骨骼生长发育有效的锻炼项目包括跑步、跳高、爬山、散步、跳绳等下肢运动；游泳、跳舞、瑜伽、引体向上、自由体操、增高体操等舒展运动；篮球、排球、网球、羽毛球、乒乓球等球类运动。

合理安排，科学运动

孩子是非常脆弱的，是运动中最容易受伤的人群。家长在给孩子安排体育锻炼时要结合孩子的实际情况（年龄、性别、爱好、体质、生长速度等），来合理安排运动的方式、时间和强度，并确保孩子运动的安全性。比如举重、摔跤、相扑、划船等运动可能会抑制孩子长高，应避免孩子过早接触。如果孩子在连续几天进行某项运动后出现疲倦、嗜睡、精神不佳、食欲下降等症状时，就应考虑当前的运动方式是否适合孩子。

02 健康睡眠，轻松长高

俗话说，"睡觉的孩子易长高"。这句话说出了睡眠对孩子增高的重要性。有数据表明，孩子熟睡时的生长速度是清醒时的3倍。因为主管孩子长高的重要激素——生长激素，在孩子熟睡的时间分泌最为旺盛。因此，要想让孩子个子高，首先要保证他的睡眠好——足量、按时、连续、高质量的睡眠。

我们都知道，成人每天需要大约8小时的睡眠时间。不同年龄段的孩子，所需的睡眠时间也有不同。一般新生儿的睡眠时间为18～22小时；3～12个月的宝宝需要15～18小时；1～3岁的宝宝一般要睡12～14小时；4～6岁的孩子平均每天睡眠12小时；7～12岁的孩子，一般要睡9～10小时；青春期的孩子，也要保证每天9小时的睡眠时间。

除了时间外，睡眠质量也很重要。要想孩子的睡眠质量高，父母要注意尽早养成孩子良好的生活习惯和睡眠规律，每天按时睡觉、按时起床；并注意为孩子创造良好的睡眠环境，保持卧室空气清新、温度适宜，避免噪声和强光等。

03 爱，孩子的"增高剂"

父母对孩子的爱就像奇妙的魔法，它能触发和开启孩子体内的生长基因。我们经常见到，那些得到父母关爱和享受家庭温暖的孩子，往往性格开朗、人际关系良好，他们一般营养均衡、运动足量、心情愉快、睡眠充足，这些都有利于孩子的长高和发育。而很多缺乏关爱的孩子，往往自卑、害羞、性格脾气怪异，社会交往较少，运动量也明显不足，容易出现发育迟缓的现象。

其实，父母的关爱对孩子长高的促进作用在于帮助孩子保持良好的心理状态。因此，作为家长，一定要重视孩子的心理与情感。平时要多倾听孩子的心声，做孩子的朋友；控制好自己的负面情绪，少批评孩子，多给予孩子表扬、赞美和勉励；让孩子在愉快、轻松的家庭环境中长高、长大，长成全面发展的人。

Part 2

"特效"食物
这样吃，孩子更长高

营养对增高的重要性贯穿了孩子的整个成长阶段。要想实现饮食助长高，父母首先就要清楚哪些食物对增高最有益以及如何搭配膳食营养更全面，以保证孩子能够"吃"出高个儿。本章精选38种长高明星食物，您家宝贝吃对了吗？

大米

[性味] 性平，味甘

[归经] 归脾、胃、肺经

❖ 其他营养功效

大米具有健脾和胃、补中益气、聪耳明目、除烦渴、止泻痢等功效，能使五脏血脉精髓充盈、筋骨肌肉壮满。大米中所含的人体必需氨基酸比较全面，被誉为"五谷之首"，能促进血液循环，有助于孩子健康成长。消化功能还不是很完善的孩子可以常食米粥，能增强抵抗力。

❖ 增高功效

大米营养全面而均衡，可预防营养不良引起的发育迟缓。大米还能刺激胃液分泌，促进钙、磷的吸收，对孩子骨骼的发育有益。

营养成分

大米中含有蛋白质、糖类、膳食纤维、钙、锌、铁、磷、维生素B_1、维生素B_2、烟酸、叶酸、维生素E等营养元素。

温馨提示

❶ 挑选大米时可先看其硬度。米的硬度越强，透明度越好，蛋白质含量越高。一般新米比陈米硬，水分低的米比水分高的米硬。

❷ 大米保存时，放入几瓣剥了皮的大蒜，可以有效地防止长虫。

搭配宜忌

✓ 大米 + 板栗	▶	健脾胃壮筋骨
✓ 大米 + 菠菜	▶	滋阴润燥补血养血
✓ 大米 + 芦笋	▶	促进生长
✓ 大米 + 红豆	▶	有利于营养的吸收
✓ 大米 + 松子仁	▶	健脾胃益肝肾
✓ 大米 + 牛奶	▶	提高免疫力
✗ 大米 + 蜂蜜	▶	易引起胃痛
✗ 大米 + 蕨菜	▶	降低维生素B_1的消化吸收

香菇大米粥

• 原料

水发大米120克，鲜香菇30克

• 调料

盐、食用油各适量

• 做法

1 洗好的香菇切成丝，改切成粒，备用。

2 砂锅中注入适量清水烧开，倒入洗净的大米，搅拌均匀。

3 盖上盖，烧开后煮约30分钟至大米熟软。

4 揭盖，倒入香菇粒，搅拌匀，煮至断生。

5 加入盐、食用油，搅拌片刻至食材入味。

6 关火后盛出煮好的粥，装入碗中，待稍微放凉后即可食用。

专家点评

香菇含有蛋白质、多种微量元素，可促进孩子生长发育；其所含的维生素D有助于补充钙质，促进骨骼发育。

黄豆红枣粥

• 原料

水发大米350克，水发黄豆150克，红枣20克

• 调料

白糖适量

• 做法

1 砂锅中注入适量清水，倒入泡好的大米。

2 放入洗净的黄豆、红枣。

3 盖上盖，用大火煮开后转小火续煮40分钟至食材熟软。

4 揭盖，加入白糖，拌匀至溶化。

5 关火后盛出煮好的粥，装入碗中，待稍微放凉后即可食用。

看视频 学做菜

专家点评

黄豆含有丰富的植物蛋白，搭配大米、红枣煮粥，还有健脾养胃、益气补血等功效，处于生长发育期的孩子可常食。

小麦

[性味] 性凉，味甘

[归经] 归心经

❖ 其他营养功效

小麦中的膳食纤维可以促进胃肠蠕动，预防儿童便秘；其含有的维生素B_1和维生素B_2是维持人体正常生长功能和代谢活动必不可少的物质，能维持神经系统和皮肤的健康，参与能量代谢，增强体力、滋补强身。小麦还有补虚的功效，长期食用，使人肌肉结实、身体强壮。

❖ 增高功效

小麦富含糖类和植物蛋白质，有助于孩子的体格发育。此外，常食小麦，还能促进儿童睡眠，促进生长激素分泌，起到辅助增高的作用。

营养成分

小米中含有糖类、膳食纤维、蛋白质、脂肪、钙、磷、铁、钾、维生素B_1、维生素B_2、烟酸、生物素、维生素E、锌等营养成分。

温馨提示

❶ 小麦的种子经过加工，磨制成面粉后可以食用。

❷ 选购小麦粉时要注意观察其色泽。优质的小麦粉色泽为白中略带浅黄色，如果颜色为灰白色或青灰色则不宜购买；忌选择颜色特别白的小麦粉。

搭配宜忌

✓	小麦 + 荞麦 ▶	营养更全面
✓	小麦 + 山药 ▶	治疗小儿脾胃虚弱
✓	小麦 + 红枣 ▶	养心健脾补中益气
✓	小麦 + 鹌鹑蛋 ▶	治疗神经衰弱

✓	小麦 + 豆制品 ▶	营养互补
✓	小麦 + 粳米 ▶	养心神补脾胃
✗	小麦 + 食用碱 ▶	破坏维生素影响消化吸收
✗	小麦 + 蜂蜜 ▶	易引起身体不适

山药小麦粥

- 原料

水发大米150克，水发小麦65克，山药80克

- 调料

盐2克

- 做法

1 洗净去皮的山药切片，再切条形，改切成丁，备用。

2 砂锅中注入适量清水烧开，放入洗好的大米、小麦、山药，拌匀。

3 盖上盖，烧开后用小火煮约1小时。

4 揭盖，加入盐，拌匀调味。

5 关火后盛出煮好的粥即可。

看视频 学做菜

专家点评

小麦富含糖类和蛋白质，搭配山药食用能辅助治疗小儿脾胃虚弱，对改善孩子食欲不振、脾虚腹泻有益。

小麦玉米豆浆

- 原料

水发黄豆40克，水发小麦20克，玉米粒15克

- 做法

1 将已浸泡8小时的小麦、黄豆倒入碗中。

2 注入适量清水，用手搓洗干净，再滤干水分，待用。

3 取豆浆机，倒入洗净的食材、玉米粒，注入适量清水，至水位线。

4 盖上豆浆机机头，开始打浆。

5 待豆浆机运转约20分钟，即成豆浆。

6 断电，取下机头，滤取豆浆；将滤好的豆浆倒入杯中即可。

看视频 学做菜

专家点评

本品具有促进孩子大脑发育、体格发育、增强免疫力等功效，常食还对小儿肥胖、便秘等症有一定的食疗作用。

小米

[性味] 性凉，味甘、咸

[归经] 归脾、肾经

❖ 其他营养功效

小米中富含多种矿物质，还含有必需氨基酸，具有补血、健体等作用。小米的膳食纤维含量也很高，可促进人体消化和肠胃的健康。长期偏吃零食和不爱吃饭的孩子极易造成营养不良，可常食小米来补充营养。小米还含有大量的糖类，对缓解精神压力、紧张、乏力等有很大的作用。

❖ 增高功效

小米能为孩子的生长发育提供必需的多种营养物质，还能缓解小儿因偏食、挑食导致的营养不良，进而促进孩子骨骼及身体的全面发育。

营养成分

小米中含有糖类、蛋白质、脂肪、膳食纤维、钙、磷、铁、钾、硒、维生素B$_1$、维生素B$_2$及胡萝卜素、烟酸、维生素E等营养成分。

温馨提示

❶ 优质的小米，颜色、大小均匀，呈乳白色、黄色或金黄色，有光泽，很少有碎米，无虫、无杂质；闻起来有清香味，无异味。

❷ 保存小米，通常将其放在阴凉、干燥、通风较好的地方保存。

搭配宜忌

✔ 小米 + 鸡蛋 ▶	提高蛋白质的吸收率	✔ 小米 + 桂圆 ▶ 补血养心
✔ 小米 + 红糖 ▶	补虚、养血	✔ 小米 + 洋葱 ▶ 生津止渴 缓解压力
✔ 小米 + 黄豆 ▶	健脾和胃 益气宽中	✔ 小米 + 苦瓜 ▶ 清热解暑
✔ 小米 + 猪肉 ▶	营养互补	✘ 小米 + 杏仁 ▶ 易使人呕吐、泄泻

红糖小米粥

小米事先浸泡几个小时，
煮出来的粥口感会更好。

• 原料
小米400克，红枣8克，花生
10克，瓜子仁15克

• 调料
红糖15克

专家点评
小米营养丰富，且消化吸
收率高，具有促发育、健
脾、和胃、安神等功效，
是幼儿的营养食品。瘦小
羸弱、食欲缺乏的孩子可
常食。

看视频 学做菜

• 做法
1　砂锅中注入适量清水，用大火烧开。
2　倒入备好的小米、花生、瓜子仁，拌匀。
3　盖上盖，大火煮开后转小火煮20分钟。
4　揭盖，倒入备好的红枣，搅匀，续煮5分钟。
5　加入红糖，持续搅拌片刻。
6　关火后将煮好的粥盛出装入碗中即可。

黑芝麻

「性味」性平，味甘

「归经」归肝、肾、肺、脾经

❖ 其他营养功效

黑芝麻能补肝肾、益精血，对孩子贫血所致的皮肤干燥、粗糙有食疗作用；其含有的必需脂肪酸还能促进孩子大脑和神经系统的发育。常食黑芝麻还有润肠通便的功效。黑芝麻中含有丰富的维生素E，能防止过氧化脂质对皮肤的危害，抵消或中和细胞内有害物质游离基的积聚，可使皮肤白皙润泽。

❖ 增高功效

黑芝麻中的钙含量非常高，有利于长骨的发育，可预防因缺钙引起的身材矮小；其所含的维生素D，能促进钙的吸收与利用，进而促进孩子长高。

营养成分

黑芝麻含蛋白质、糖类、不饱和脂肪酸、卵磷脂、膳食纤维、B族维生素、维生素D、维生素E以及钙、铁、磷、镁等。

温馨提示

❶ 购买黑芝麻时，应学会鉴别其真假，可观察黑芝麻断口的颜色，若断口部分是黑色，说明是经过染色的，若是白色，则说明是真的。

❷ 便溏腹泻的孩子不宜食用黑芝麻。

搭配宜忌

✓ 黑芝麻 + 核桃 ▶	改善睡眠	
✓ 黑芝麻 + 海带 ▶	排毒通便 调节免疫力	
✓ 黑芝麻 + 黄豆 ▶	补充蛋白质	
✓ 黑芝麻 + 桑葚 ▶	预防肥胖 补肝益肾	
✓ 黑芝麻 + 冰糖 ▶	润肺生津 补中益气	
✓ 黑芝麻 + 葱 ▶	抗疲劳 护肤	
✗ 黑芝麻 + 鸡腿 ▶	影响维生素的吸收	
✗ 黑芝麻 + 鸡翅 ▶	影响消化	

核桃黑芝麻枸杞豆浆

核桃仁的皮膜有轻微的涩味，可以去除后再打浆。

推荐食谱

看视频 学做菜

• 原料

枸杞、核桃仁、黑芝麻各15克，水发黄豆50克

• 做法

1 把洗好的枸杞、黑芝麻、核桃仁倒入豆浆机中。

2 倒入洗净的黄豆。

3 注入适量清水，至水位线即可。

4 盖上豆浆机机头，启动豆浆机；待豆浆机运转约15分钟，即成豆浆。

5 断电，取下机头，滤取豆浆。

6 将滤好的豆浆倒入碗中，用汤匙撇去浮沫即可。

专家点评

核桃仁含有蛋白质、不饱和脂肪酸、维生素E、烟酸、磷、铁等营养成分，具有健脑益智、提高记忆力、强健骨骼、温肺润肠等功效。

黄豆

[性味] 性平，味甘

[归经] 归脾、大肠经

❖ 其他营养功效

黄豆中的高蛋白、高脂肪都对人体健康十分有益，其含有的卵磷脂还有健脑益智的作用。黄豆中含有多种矿物质，对缺铁性贫血有益，而且能促进酶的催化、激素分泌和新陈代谢。常食黄豆还能抗菌消炎，对咽炎、结膜炎、口腔炎、菌痢、肠炎等有一定的食疗作用。

❖ 增高功效

黄豆中富含蛋白质以及多种氨基酸，且在人体内的吸收利用率高，适当补充可促进儿童骨骼和软骨组织的生长发育。

营养成分

黄豆中含有铁、镁、锰、铜、锌、硒等多种营养元素，以及人体8种必需氨基酸和天门冬氨酸、卵磷脂、可溶性纤维和谷氨酸等。

温馨提示

❶ 黄豆又称大豆，有"植物蛋白之王"的美称，具有健脾益气、健脑益智、改善贫血等功效，是孩子生长发育过程中不可缺少的食物之一。

❷ 黄豆在消化的过程中容易造成胀肚，因此消化功能不好的孩子要少吃。

搭配宜忌

✔ 黄豆 + 胡萝卜 ▶	有助于骨骼发育	✘ 黄豆 + 核桃 ▶ 导致腹胀、消化不良
✔ 黄豆 + 香菜 ▶	防治感冒 健脾透疹	✘ 黄豆 + 虾皮 ▶ 影响钙的消化吸收
✔ 黄豆 + 小米 ▶	有利于营养素的吸收	✘ 黄豆 + 豌豆 ▶ 影响钙的消化吸收
✔ 黄豆 + 茄子 ▶	润燥消肿	✘ 黄豆 + 酸奶 ▶ 影响钙的消化吸收

小米黄豆粥

• 原料

小米50克，水发黄豆80克，葱花少许

• 调料

盐2克

• 做法

1 砂锅中注入适量清水，用大火烧开，倒入洗净的黄豆。

2 加入小米，用锅勺将锅中食材搅拌均匀。

3 盖上盖，煮30分钟至小米熟软。

4 揭盖，搅拌一会儿。

5 加入盐，快速拌匀至入味。

6 关火，将煮好的黄豆粥装入碗中，撒上适量葱花即可。

看视频 学做菜

专家点评

黄豆和小米均含有丰富的营养，尤其适宜婴幼儿期的孩子补充营养，对改善小儿营养不良引起的发育迟缓、身材矮小有益。

花生黄豆红枣羹

• 原料

水发黄豆250克，水发花生100克，去核红枣20克

• 调料

冰糖20克

• 做法

1 砂锅中注入适量清水，大火烧热，倒入泡好的黄豆。

2 放入泡好的花生，倒入备好的红枣。

3 盖上盖，用大火煮开后转小火续煮40分钟至食材熟软。

4 揭盖，倒入冰糖，搅拌片刻至冰糖溶化。

5 关火后盛出煮好的红枣羹，装碗即可。

看视频 学做菜

专家点评

本品具有健脑益智、增高促长、补血养血、增强免疫力等功效，常食对孩子的大脑和身体发育都有很好的帮助。

黑豆

[性味] 性平，味甘

[归经] 归心、肝、肾经

❖ 其他营养功效

黑豆富含维生素E，维生素E具有抗氧化作用，可保护机体细胞免受自由基的毒害，对孩子的健康成长起着重要作用。黑豆中含有多种活性物质，常食还有助于健脾润肺。黑豆还富含膳食纤维，可促进胃肠蠕动，预防便秘。此外，常食黑豆对小儿盗汗、自汗、夜间遗尿都有很好的防治作用。

❖ 增高功效

黑豆含有丰富的蛋白质和钙质，不仅能为快速生长的儿童提供足够的蛋白质，还能预防孩子因缺钙引起的骨骼发育不良，促进孩子正常生长。

营养成分

黑豆中含有蛋白质、脂肪、糖类、膳食纤维、B族维生素、维生素E、钙、磷、钾、镁、铁、锌、黑豆色素和异黄酮等。

温馨提示

❶ 除了直接食用黑豆外，还可购买黑豆粉，用其制作面食食用，或直接食用黑豆的加工食品，这样有利于消化。

❷ 炒熟的黑豆热性大，易上火，儿童不宜食用。

搭配宜忌

✓ 黑豆 + 橙子 ▶	提供丰富的营养	
✓ 黑豆 + 红枣 ▶	补肾、补血	
✓ 黑豆 + 红糖 ▶	滋补肝肾 活血乌发	
✓ 黑豆 + 牛奶 ▶	有利于维生素 B_{12} 的吸收	
✓ 黑豆 + 柿子 ▶	清热解毒 润肺化痰	
✓ 黑豆 + 鲤鱼 ▶	下气补血 利水消肿	
✗ 黑豆 + 蓖麻子 ▶	对身体不利	
✗ 黑豆 + 厚朴 ▶	对身体不利	

松仁黑豆豆浆

• 原料

松仁20克，水发黑豆55克

• 做法

1 取豆浆机，倒入洗好的松仁、洗净的黑豆，注入适量清水，至水位线即可。

2 盖上豆浆机机头，选择"五谷"程序，再选择"开始"键，开始打浆。

3 待豆浆机运转约15分钟，即成豆浆。

4 断电，取下机头，把煮好的豆浆倒入滤网中，滤取豆浆。

5 将豆浆倒入碗中，用汤匙撇去浮沫即可。

看视频 学做菜

专家点评

本品具有健脾和胃、补血安神、润肠通便、促进生长等功效。适用于小儿食欲不振、皮肤干燥、便秘、烦躁不安等症。

黑豆花生豆浆

• 原料

花生仁25克，枸杞10克，水发黑豆50克

• 做法

1 将黑豆倒入碗中，注入清水，用手搓洗干净，倒入滤网中，沥干水分。

2 取豆浆机，倒入洗好的黑豆，放入花生仁、枸杞，注入适量清水，至水位线。

3 盖上豆浆机机头，启动豆浆机，待豆浆机运转约20分钟，即成豆浆。

4 将豆浆倒入滤网中，再将滤好的豆浆倒入碗中，用汤匙撇去浮沫即可。

看视频 学做菜

专家点评

花生中的卵磷脂和脑磷脂是神经系统发育不可缺少的物质；花生含有多种矿物质，不仅可以保护脑神经，还能促进孩子长高。

青豆

[性味] 性平，味甘

[归经] 归脾、大肠经

❖ 其他营养功效

青豆含有丰富的赖氨酸，与谷物搭配食用，具有蛋白质互补的作用，有助于儿童的生长发育。青豆富含不饱和脂肪酸，有健脑益智和防止脂肪肝形成的功效。另外，其所含的膳食纤维能促进大肠蠕动，保持大便通畅，起到清洁大肠的作用。常食青豆还能预防儿童贫血。

❖ 增高功效

青豆富含优质蛋白质和钙、磷等成分，能维持机体钙磷平衡，有助于钙的吸收利用，为孩子的长骨发育创造良好的条件，对孩子长高非常有利。

营养成分

青豆中含有蛋白质、糖类、不饱和脂肪酸、B族维生素、维生素A、维生素C、膳食纤维、皂角苷、大豆磷脂、异黄酮、钼、硒、铁、钙、锌等。

温馨提示

❶ 挑选青豆时，不宜买颜色过于鲜艳的；购买青豆后，可以用清水浸泡一下，若不掉色，且剥开后的芽瓣是黄色的，则说明是好青豆。

❷ 青豆适合直接炒食、煲汤或制作成豆浆食用，烹调时不宜久煮，否则会变色。

搭配宜忌

✔ 青豆 + 排骨 ▶		补钙
✔ 青豆 + 玉米 ▶		明目
✔ 青豆 + 虾仁 ▶		健脾益气 清热解毒
✔ 青豆 + 蘑菇 ▶		健脾和胃 抗氧化
✘ 青豆 + 菠菜 ▶		降低营养
✘ 青豆 + 蕨菜 ▶		影响钙的消化 吸收
✘ 青豆 + 沙丁鱼 ▶		对健康不利

青豆豆浆

• 原料

青豆100克

• 调料

白糖适量

• 做法

1 将去壳的青豆装入大碗中，倒入适量清水，搓洗干净，沥干待用。

2 取豆浆机，放入青豆，加水至水位线即可。

3 盖上豆浆机机头，启动豆浆机，待豆浆机运转约15分钟，即成豆浆。

4 断电，取下豆浆机机头，滤取豆浆。

5 将豆浆倒入碗中，加入白糖，搅拌至其溶化即可。

专家点评

青豆中含有丰富的蛋白质、膳食纤维以及多种维生素和矿物质，这些营养物质对孩子的健康成长起着重要作用。

看视频 学做菜

青豆蒸肉饼

• 原料

青豆50克，猪肉末200克，葱花、枸杞各少许

• 调料

盐、生粉各2克，鸡粉3克，料酒、蒸鱼豉油各适量

• 做法

1 取一碗，倒入猪肉末，加入盐、鸡粉、料酒、清水、生粉，沿着同一方向搅拌，放入葱花，再次拌匀，制成肉馅。

2 取一盘，倒入青豆，摆放平整，铺上肉饼，用勺子压实。

3 蒸锅中注清水烧开，放入食材，蒸至熟透。

4 关火后取出蒸好的青豆肉饼，浇上蒸鱼豉油，点缀上枸杞即可。

看视频 学做菜

专家点评

青豆搭配猪肉，既能为孩子的生长发育补充足够的营养，还具有健脾和胃、润燥通便、补虚强身等功效。

小白菜

[性味] 性凉，味甘

[归经] 归肺、胃、大肠经

❖ 其他营养功效

小白菜含有丰富的膳食纤维，能通利肠胃，促进肠道蠕动，排出体内的毒素，对预防小儿便秘有重要作用。小白菜为含维生素和矿物质最丰富的蔬菜之一，为保证身体的生理需要提供物质条件，有助于增强机体免疫能力。肥胖儿童经常食用小白菜还能起到减肥的作用。

❖ 增高功效

小白菜中含钙量较高，几乎是白菜含钙量的2~3倍，能为骨骼发育提供原材料，对孩子的骨骼发育十分有益，是防治维生素D缺乏的理想蔬菜。

营养成分

小白菜中含有蛋白质、脂肪、糖类、膳食纤维、胡萝卜素、维生素B_1、维生素B_2、维生素C、烟酸、钙、磷、铁等。

温馨提示

❶ 挑选小白菜时，应选择叶色青绿、新鲜、无萎蔫、无虫害的小白菜。小白菜很嫩，用来制作菜肴，炒、煮时间不宜过长，以免损失营养。

❷ 小白菜虽然营养丰富，但脾胃虚寒、大便溏薄者最好少食或不食。

搭配宜忌

✓	小白菜 + 虾皮	▶	营养更全面
✓	小白菜 + 猪肉	▶	润肠通便 和中补虚
✓	小白菜 + 芝麻	▶	增强免疫力
✓	小白菜 + 茭白	▶	健脾养胃 润肠排毒

✓	小白菜 + 蚕豆	▶	增强免疫力 利水消肿
✓	小白菜 + 牛肚	▶	增强体质
✗	小白菜 + 兔肉	▶	易引起腹泻、呕吐
✗	小白菜 + 醋	▶	降低营养价值

小白菜豆腐汤

• 原料

豆腐260克，小白菜65克

• 调料

盐2克，芝麻油适量

• 做法

1 洗净的小白菜切除根部，再切成丁。

2 洗好的豆腐切片，再切成小丁块，备用。

3 锅中注入适量清水烧开，倒入切好的豆腐、小白菜，搅拌匀。

4 盖上盖，烧开后用小火煮约15分钟至食材熟软。

5 揭盖，加入盐、芝麻油，拌匀调味，关火后盛出即可。

专家点评

小白菜和豆腐中均富含钙质，能为孩子长高补充足够的"原料"。而且小白菜中还富含膳食纤维，常食能防治小儿便秘。

小白菜洋葱牛肉粥

• 原料

小白菜55克，洋葱60克，牛肉45克，水发大米85克，姜片、葱花各少许

• 调料

盐、鸡粉各2克，料酒适量

• 做法

1 洗好的小白菜切段，洋葱切小块。

2 处理好的牛肉切丁，用刀轻轻剁几下。

3 开水锅中倒入牛肉、料酒，汆至变色，捞出。

4 砂锅中注清水烧开，倒入牛肉、大米、姜片，搅拌片刻，盖上盖，煮约20分钟。

5 揭盖，倒入洋葱，续煮片刻，倒入小白菜，加入盐、鸡粉，搅匀，盛出后撒上葱花即可。

看视频 学做菜

专家点评

处于生长发育快速期的孩子，新陈代谢快、活动量较大，对于维持生长发育的营养物质需求量大，适宜经常食用本品。

娃娃菜

[性味] 性平，味苦、辛、甘

[归经] 归小肠、胃经

❖ 其他营养功效

娃娃菜营养丰富，具有养胃生津、除烦解渴、利尿通便、清热解毒、增强免疫力等功效。娃娃菜中富含胡萝卜素，胡萝卜素犹如天然眼药水，能帮助保持眼角膜的润滑及透明度，维护眼睛的健康，预防眼疾，也是对抗自由基最有效的抗氧化剂之一，能强化免疫系统，增强免疫力。

❖ 增高功效

娃娃菜中富含钙和磷，是孩子骨骼发育的基础物质；其含有的微量元素锌，对增进孩子食欲、促进消化，预防孩子发育迟缓有重要作用。

营养成分

娃娃菜中含有蛋白质、糖类、膳食纤维、胡萝卜素、B族维生素、维生素C、钙、磷、铁、锌、硒等营养成分。

温馨提示

❶ 娃娃菜营养丰富，不仅能增高促长，还具有养胃生津、除烦解渴、利尿通便、清热解毒等功效，常食还能提高孩子免疫力。

❷ 此外，选购娃娃菜时应注意，挑选个头小、手感结实、菜叶细腻嫩黄的为佳。

搭配宜忌

✓ 娃娃菜 + 虾仁 ▶	预防牙龈出血	✓ 娃娃菜 + 海带 ▶ 防治甲状腺肿大
✓ 娃娃菜 + 猪肉 ▶	补充营养 通便	✓ 娃娃菜 + 鲤鱼 ▶ 改善水肿、便秘
✓ 娃娃菜 + 青椒 ▶	促进消化	✗ 娃娃菜 + 黄瓜 ▶ 降低营养价值
✓ 娃娃菜 + 猪肝 ▶	保肝护肾 滋阴养血	✗ 娃娃菜 + 兔肉 ▶ 容易导致呕吐 或腹泻

奶油娃娃菜

- 原料

娃娃菜300克，奶油8克，枸杞5克，清鸡汤150毫升

- 调料

水淀粉适量

- 做法

1 洗净的娃娃菜切成瓣，备用。

2 蒸锅中注入适量清水烧开，放入娃娃菜。

3 盖上盖，用大火蒸10分钟至熟；揭盖，取出食材，备用。

4 锅置火上，倒入鸡汤，放入枸杞、奶油，拌匀，用水淀粉勾芡。

5 关火后盛出汤汁，浇在娃娃菜上即可。

专家点评

娃娃菜中含有的钙是促进孩子软骨组织发育必不可少的物质；其所含的锌能改善孩子异食、偏食等现象，增强孩子免疫力。

娃娃菜鲜虾粉丝汤

- 原料

娃娃菜270克，水发粉丝200克，虾仁45克，姜片、葱花各少许

- 调料

盐2克，鸡粉1克，胡椒粉适量

- 做法

1 将泡发好的粉丝切段，洗净的娃娃菜切小段，洗好的虾仁切小块，备用。

2 砂锅中注清水烧开，放入姜片、虾仁、娃娃菜，盖上盖，煮开后用小火续煮5分钟。

3 揭盖，加入盐、鸡粉、胡椒粉，拌匀。

4 放入粉丝，拌匀，煮至熟软。

5 关火后盛出煮好的汤，撒上葱花即可。

专家点评

本品鲜甜可口，具有增进食欲、润肠排毒、促进生长发育等功效，对小儿脾胃虚弱、便秘等症有一定的食疗作用。

芥菜

[性味] 性温、味甘、辛

[归经] 归肝、胃、肾经

❖ 其他营养功效

芥菜中含有大量的膳食纤维，能增强胃肠消化功能，开胃消食，防止便秘；芥菜中含有胡萝卜素，有明目的作用，常食可保护视力。此外，芥菜含有大量的维生素C，是活性很强的还原物质，参与机体重要的氧化还原过程，能增加大脑中含氧量，有提神醒脑、解除疲劳的作用。

❖ 增高功效

芥菜富含钙，可预防孩子缺钙引起的情绪不佳等现象，使其保持轻松愉快的心情；芥菜中还含有多种维生素，也是孩子长高必不可少的物质。

营养成分

芥菜含有丰富的B族维生素、维生素C、维生素D、维生素E、胡萝卜素，还含有蛋白质、糖类、膳食纤维、钙、镁、铁、钾等营养成分。

温馨提示

❶ 叶用芥菜要选择叶片完整，没有枯黄及开花现象者为佳。若是包心芥菜，则需注意叶柄没有软化现象，叶柄越肥厚越好。

❷ 热性咳嗽、疮疖、痔疮、便血及内热偏盛者不宜食芥菜。

搭配宜忌

✔ 芥菜 + 草菇 ▶	补虚开胃 促进消化	
✔ 芥菜 + 豆腐 ▶	清热润燥 润肠通便	
✔ 芥菜 + 排骨 ▶	补充钙质	
✔ 芥菜 + 山药 ▶	增强免疫力 促进消化	

✔ 芥菜 + 猪肝 ▶	有助于钙的吸收	
✔ 芥菜 + 姜 ▶	祛痰止咳 温中止呕	
✘ 芥菜 + 醋 ▶	破坏胡萝卜素	
✘ 芥菜 + 鲫鱼 ▶	易引起水肿	

草菇扒芥菜

芥菜焯的时间不宜太久，以免太老影响口感。

推荐食谱

看视频 学做菜

• 原料

芥菜300克，草菇200克，胡萝卜片30克，蒜片少许

• 调料

盐2克，鸡粉1克，生抽5毫升，水淀粉、芝麻油、食用油各适量

• 做法

1 草菇切十字花刀，第二刀切开；芥菜切去菜叶，将菜梗切成块。

2 沸水锅中倒入切好的草菇，焯至断生，捞出。

3 再往锅中倒入芥菜，加1克盐、食用油，焯至断生，捞出，装盘待用。

4 用油起锅，倒入蒜片、胡萝卜片，炒香。

5 放入生抽、清水、氽好的草菇和芥菜，翻炒匀。

6 加1克盐、鸡粉，炒匀，焖5分钟至入味。

7 放入适量的水淀粉、芝麻油，炒至收汁；盛出菜肴，放在芥菜上即可。

专家点评

本品具有开胃消食、明目护眼、润肠通便等功效，适宜学习压力大、体倦乏力、眼睛干涩、便秘的孩子食用。

西蓝花

[性味] 性凉，味甘

[归经] 归肾、脾、胃经

❖ 其他营养功效

西蓝花富含维生素K，儿童适量补充可预防碰撞引起的瘀青。另外，儿童常吃西蓝花，可促进生长、维持牙齿及骨骼正常、保护视力、提高记忆力。常食西蓝花不仅能增强机体的免疫力，还能提高机体肝脏的解毒能力，促进有毒物质的排出，从而达到预防疾病的效果。

❖ 增高功效

西蓝花中的维生素C含量较高，维生素C是骨骼、软骨和结缔组织的主要组成要素，对骨胶原质的形成非常重要，有助于孩子健康长高。

营养成分

西蓝花含有蛋白质、糖类、脂肪、维生素A、维生素C、维生素K、胡萝卜素、叶酸、钙、磷、铁、钾、锌、锰等营养物质。

温馨提示

❶ 选购西蓝花以菜株亮丽、花蕾紧密结实者为佳。花球表面无凹凸，整体有隆起感，拿起来没有沉重感为良品。

❷ 西蓝花常有残余的农药，在吃之前，最好在盐水中浸泡几分钟。

搭配宜忌

✓	西蓝花 + 胡萝卜	▶	能预防消化系统疾病
✓	西蓝花 + 西红柿	▶	防癌抗癌
✓	西蓝花 + 枸杞	▶	有利于营养物质的吸收
✓	西蓝花 + 香鲍菇	▶	增进食欲
✓	西蓝花 + 猪瘦肉	▶	增强营养
✓	西蓝花 + 鳝肉	▶	降低对胆固醇的吸收
✗	西蓝花 + 牛奶	▶	影响钙质吸收降低营养价值
✗	西蓝花 + 牛肝	▶	破坏维生素C

西蓝花虾皮蛋饼

面糊不要调得太稠，否则做出来的饼不松软。

• 原料

西蓝花100克，鸡蛋2个，虾皮10克，面粉100克

• 调料

盐2克，食用油适量

专家点评

虾中含有的碘能促进智力和神经系统的发育，对改善孩子免疫系统，增强抗病能力十分有益。

看视频 学做菜

• 做法

1 洗净的西蓝花切成小朵。

2 取一碗，倒入面粉，加入盐，拌匀。

3 打入鸡蛋，拌匀，倒入虾皮、西蓝花，搅拌均匀，制成面糊。

4 用油起锅，放入面糊，煎至两面金黄。

5 关火，取出煎好的蛋饼，装入盘中。

6 将蛋饼放在砧板上，修齐边缘，再切成三角状，装入盘中即可。

彩椒

「性味」性热，味辛

「归经」归心、脾经

❖ 其他营养功效

彩椒有温中、散热、消食、缓解疲劳和预防感冒等作用，有利于增强人体免疫功能，提高人体的防病能力。彩椒含有的椒类碱能够促进脂肪的新陈代谢，防止体内脂肪积存，有助于预防小儿肥胖。

❖ 增高功效

彩椒中的维生素A和维生素C含量尤其丰富，有助于孩子的生长，还能促进机体的新陈代谢，增进孩子食欲，进而为孩子长高补充足够的营养。

营养成分

彩椒中含有蛋白质、糖类、B族维生素、维生素C、维生素E、胡萝卜素、膳食纤维、钙、磷、铁、锌等。

温馨提示

❶ 彩椒含有丰富的营养，特别是其成熟期，营养价值更高。选购彩椒时应注意，新鲜的彩椒大小均匀，色泽鲜亮，闻起来有瓜果的香味。

❷ 彩椒保存时宜冷藏，也可以置于通风干燥处储存，温度不宜过高。

搭配宜忌

✓ 彩椒 + 苦瓜 ▶	美容养颜 祛火清热	✓ 彩椒 + 白菜 ▶ 促进胃肠蠕动 帮助消化
✓ 彩椒 + 空心菜 ▶	降压止痛	✓ 彩椒 + 豆干 ▶ 益智健脑
✓ 彩椒 + 猪肉 ▶	促进消化 强身健体	✗ 彩椒 + 香菜 ▶ 降低营养价值
✓ 彩椒 + 茭白 ▶	增进食欲	✗ 彩椒 + 瓜子 ▶ 妨碍维生素E 的吸收

彩椒鲜蘑沙拉

切好的土豆要放入水中浸泡，这样可防止氧化变黑。

推荐食谱

看视频 学做菜

• 原料

去皮胡萝卜40克，彩椒60克，口蘑50克，去皮土豆150克

• 调料

盐2克，胡椒粉3克，橄榄油10毫升，沙拉酱10克

• 做法

1　将洗净的胡萝卜、彩椒、土豆切片，洗好的口蘑切块。

2　锅中注入适量清水烧开，倒入土豆、口蘑、胡萝卜、彩椒，焯片刻。

3　关火，将焯好的食材捞出，放入凉水中。

4　待食材冷却，捞出，装入碗中。

5　加入盐、橄榄油、胡椒粉，用筷子搅拌均匀。

6　将拌好的食材倒入盘子中，挤上沙拉酱即可。

专家点评

本品食材多样，营养十分丰富，具有润肠通便、开胃消食、保护视力、促进小儿生长发育等功效，还能预防小儿肥胖。

香菇

[性味] 性平，味甘
[归经] 归脾、胃经

❖ 其他营养功效

香菇具有健脾和胃、补气益肾的作用，对小儿食欲不振有改善作用。香菇中含有丰富的精氨酸和赖氨酸，有助于提高脑细胞功能，对小儿的智力发育十分有利。此外，香菇中含有丰富的膳食纤维，可以促进肠胃的蠕动，帮助身体清除垃圾，预防儿童排便不畅。

❖ 增高功效

香菇中富含维生素D原，经过氧化后会变成维生素D，可预防孩子因缺乏维生素D而引起的佝偻病，还能促进钙的吸收，对孩子增高促长十分有益。

营养成分

香菇富含维生素B_1、维生素B_2、维生素D、烟酸、钙、磷、铁等营养成分，并含有香菇多糖、天门冬素、腺嘌呤、甘露醇等多种活性物质。

温馨提示

❶ 新鲜香菇可用透气膜包装后，置于冰箱冷藏，可保鲜一周左右，或直接冷冻保存。

❷ 干香菇则应放在密封罐中保存，并且最好每个月取出，放置在阳光下曝晒一次，可保存半年以上；亦可直接冷藏、冷冻保存，以避免腐败或生虫。

搭配宜忌

✓ 香菇 + 猪肉 ▶	促进消化	✓ 香菇 + 四季豆 ▶ 保护眼睛 开胃消食
✓ 香菇 + 莴笋 ▶	利尿消肿 通便排毒	✓ 香菇 + 葱 ▶ 促进血液循环
✓ 香菇 + 牛肉 ▶	补气养血	✗ 香菇 + 鹌鹑 ▶ 容易使面部产生黑斑
✓ 香菇 + 马蹄 ▶	清热解毒 生津止渴	✗ 香菇 + 螃蟹 ▶ 引起结石

栗焖香菇

• 原料

去皮板栗200克，鲜香菇40克，去皮胡萝卜50克

• 调料

盐、鸡粉、白糖各1克，生抽、料酒、水淀粉各5毫升，食用油适量

• 做法

1 将洗净的板栗对半切开，香菇切小块，胡萝卜切滚刀块。

2 用油起锅，倒入切好的食材，翻炒均匀。

3 加入生抽、料酒，炒匀，注入适量清水。

4 加入盐、鸡粉、白糖，拌匀。

5 盖上盖，用大火煮开后转小火焖15分钟使其入味。

6 揭盖，用水淀粉勾芡，关火后盛出即可。

看视频 学做菜

专家点评

板栗中含有丰富的糖类，能供给孩子充足的热量，为孩子新陈代谢提供能量。

香菇肉末蒸鸭蛋

• 原料

香菇45克，鸭蛋2个，肉末200克，葱花少许

• 调料

盐、鸡粉各3克，生抽4毫升，食用油适量

• 做法

1 香菇切成粒；将鸭蛋打入碗中，搅散，加1克盐、1克鸡粉、温水，搅拌匀。

2 用油起锅，放入肉末，炒至变色，倒入香菇粒，加生抽、2克盐、2克鸡粉，炒匀，盛出。

3 蒸锅中注清水烧开，放入蛋液，蒸约10分钟，再放入炒好的食材，续蒸2分钟。

4 取出食材，撒上葱花，浇上少许熟油，待稍微放凉后即可食用。

看视频 学做菜

专家点评

鸭蛋中富含蛋白质、钙和铁，搭配香菇、肉末同食，能为机体补充全面的营养，适宜处于生长发育快速期的孩子食用。

金针菇

[性味]性凉，味甘

[归经]归脾、大肠经

❖ 其他营养功效

金针菇含有丰富的赖氨酸、精氨酸以及锌，有促进儿童智力发育和健脑的作用，被誉为"益智菇"；金针菇能有效地增强机体的生物活性，促进新陈代谢，有利于食物中各种营养素的吸收和利用，对生长发育也大有益处。此外，金针菇中还含有一种叫朴菇素的物质，能增强机体的免疫力、防病健身。

❖ 增高功效

金针菇含有较多的人体必需的氨基酸，对孩子身体的发育有较好的促进作用；金针菇还能缓解疲劳，是学龄期孩子缓解学习压力的好助手。

营养成分

金针菇含有丰富的蛋白质、糖类、B族维生素、维生素C、胡萝卜素、植物血凝素、牛磺酸、香菇嘌呤以及钙、铁、磷、锌等营养元素。

温馨提示

❶ 优质的金针菇呈白色、淡黄色或黄褐色，色泽鲜亮，且菌盖中央较边缘颜色稍深，菌柄上浅下深。

❷ 保存金针菇，可先用热水烫一下，再放入冷水里泡凉，0℃左右可储存10天左右。

搭配宜忌

✓ 金针菇 + 豆芽 ▶	清热解毒 促进消化	✓ 金针菇 + 白萝卜 ▶ 可治消化不良 预防便秘
✓ 金针菇 + 鸡肉 ▶	健脑益智	✓ 金针菇 + 豆腐 ▶ 益智强体
✓ 金针菇 + 西蓝花 ▶	增强免疫力	✗ 金针菇 + 蛤蜊 ▶ 破坏金针菇中的维生素B₁
✓ 金针菇 + 虾仁 ▶	促进儿童发育 强身健体	✗ 金针菇 + 驴肉 ▶ 引起心痛

白萝卜拌金针菇

• 原料

白萝卜200克，金针菇100克，彩椒20克，圆椒10克，蒜末、葱花各少许

• 调料

盐、鸡粉各2克，白糖5克，辣椒油、芝麻油各适量

• 做法

1　洗净去皮的白萝卜切成细丝。

2　圆椒、彩椒切细丝，金针菇切除根部。

3　开水锅中倒入金针菇，煮至断生，捞出，放入凉开水中，清洗干净，沥干待用。

4　取一碗，倒入白萝卜、彩椒、圆椒、金针菇、蒜末，加入盐、鸡粉、白糖、辣椒油、芝麻油、葱花，拌匀即可。

看视频 学做菜

专家点评

白萝卜有消食化积的作用，金针菇能益智强体。两者搭配可促进消化，对小儿便秘、食欲不佳有一定的改善作用。

金针菇瘦肉汤

• 原料

金针菇200克，猪瘦肉120克，姜片、葱花各少许

• 调料

盐、鸡粉各2克，料酒4毫升，胡椒粉适量

• 做法

1　将洗净的猪瘦肉切成片，放入开水锅中。

2　淋入料酒，汆去血水，捞出待用。

3　锅中注清水烧开，倒入汆好的瘦肉、姜片，用大火煮一会儿。

4　倒入洗净的金针菇，搅匀，煮至沸。

5　加入盐、鸡粉、胡椒粉，搅匀调味。

6　撇去浮沫，搅拌均匀至食材入味，关火后盛出即可。

看视频 学做菜

专家点评

金针菇富含赖氨酸和锌，有助于儿童大脑和骨骼的发育，并能有效增强机体的生物活性，是儿童益智长高佳品。

黑木耳

[性味] 性平，味甘

[归经] 归胃、大肠经

❖ 其他营养功效

黑木耳具有滋补、润燥、养血益胃、活血止血、润肺、润肠的作用。黑木耳含铁量高，可以及时为人体补充足够的铁质，是一种天然补血食品；黑木耳中还含有黑色素，儿童适量食用，可使其头发乌黑亮泽。黑木耳还含有胶质，能吸附消化系统内的灰尘、杂质，将其排出体外。

❖ 增高功效

黑木耳是含钙较高的菌菇类食物，能使软骨细胞不断生长，骨松质不断构建，进而加快长骨的生长，处于生长发育期的孩子可常食。

营养成分

黑木耳含蛋白质、糖类、膳食纤维、钾、钙、磷、镁、铁、硒、胡萝卜素、维生素B₁、维生素B₂、烟酸、维生素E、维生素K等。

温馨提示

❶ 黑木耳营养丰富，但脾胃虚寒体质者，如腹部冰凉、不易消化、易腹泻应慎吃黑木耳。

❷ 选黑木耳时看黑木耳朵形是否均匀。如果朵形均匀卷曲现象少，就表明是优质的黑木耳。如果肉质少，而且卷曲较多的尽量不要购买。

搭配宜忌

✓	黑木耳 + 白菜 ▶	润肺止咳 增进食欲
✓	黑木耳 + 银耳 ▶	增强免疫力 滋阴养血
✓	黑木耳 + 黄瓜 ▶	减肥瘦身
✓	黑木耳 + 青椒 ▶	开胃消食 调养气血
✓	黑木耳 + 猪肉 ▶	清热补虚
✓	黑木耳 + 海蜇 ▶	可润肠 美肤嫩白
✗	黑木耳 + 田螺 ▶	不利于消化
✗	黑木耳 + 咖啡 ▶	阻碍铁的吸收

木耳红枣莲子粥

• 原料

水发黑木耳80克，红枣35克，水发大米180克，水发莲子65克

• 调料

盐、鸡粉各2克

• 做法

1 砂锅中注入适量清水，用大火烧热。

2 倒入备好的大米、莲子、黑木耳、红枣，搅拌均匀。

3 盖上盖，煮开后转小火煮40分钟至熟软。

4 揭盖，加入盐、鸡粉，搅匀调味。

5 关火后将煮好的粥盛出，装入碗中即可。

看视频 学做菜

专家点评

黑木耳富含钙，而莲子富含磷，两者搭配能帮助维持体内钙磷比例平衡，有助于孩子骨骼的生长。

蟹味菇木耳蒸鸡腿

• 原料

蟹味菇150克，水发黑木耳90克，鸡腿250克，葱花少许

• 调料

生粉50克，盐2克，料酒、生抽各5毫升，食用油适量

• 做法

1 黑木耳切碎，蟹味菇切去根部。

2 鸡腿剔骨，切块，装碗，加盐、料酒、生抽、生粉、食用油，拌匀，腌渍15分钟。

3 取一蒸盘，倒入黑木耳、蟹味菇、鸡腿肉。

4 蒸锅中注清水烧开，放入蒸盘，蒸至熟透。

5 揭盖，取出食材，撒上葱花即可。

看视频 学做菜

专家点评

蟹味菇中的赖氨酸、精氨酸的含量高于一般菇类，能有效促进体内蛋白质的利用率，对青少年益智增高十分有利。

银耳

[性味] 性平，味甘

[归经] 归肺、胃、肾经

❖ 其他营养功效

银耳中的锌能增进食欲，避免孩子挑食、偏食；银耳还富含磷，磷具有维持骨骼和牙齿健康，促进成长及身体组织器官的修复，参与调节酸碱平衡的作用。银耳是一味滋补良药，特点是滋润而不腻滞，具有滋补生津、润肺养胃、补气和血、补脑提神、强精补肾的功效。

❖ 增高功效

孩子缺乏维生素A，会导致骨的短粗，影响身高，而银耳中的维生素A则可较好地预防这种情况。同时，银耳富含维生素D，能防止钙的流失。

营养成分

银耳含蛋白质、脂肪、糖类、膳食纤维、维生素A、B族维生素、维生素D、铁、磷、钙、钾等营养元素。

温馨提示

❶ 银耳一般人群均可食用，但外感风寒、脾胃虚寒者慎食。

❷ 银耳以色泽鲜白略带微黄、有光泽、朵大体轻疏松、肉质肥厚、坚韧而有弹性、无杂质者为佳。颜色过于洁白的银耳不宜购买。

搭配宜忌

✓ 银耳 + 莲子 ▶	滋阴润肺	
✓ 银耳 + 鹌鹑蛋 ▶	益智健脑 强精补肾	
✓ 银耳 + 百合 ▶	滋阴润肺	
✓ 银耳 + 雪梨 ▶	清热润肺 生津止咳	
✓ 银耳 + 菊花 ▶	益气强身 清热解毒	
✓ 银耳 + 黑木耳 ▶	增强免疫力	
✗ 银耳 + 菠菜 ▶	破坏维生素C	
✗ 银耳 + 猪肝 ▶	不利于消化 降低营养价值	

银耳枸杞炒鸡蛋

银耳泡好后，用水多次冲洗，才能很好地清除杂质。

• 原料

水发银耳100克，鸡蛋3个，枸杞10克，葱花少许

• 调料

盐3克，鸡粉2克，水淀粉14毫升，食用油适量

专家点评

鸡蛋中含有的蛋白质吸收利用率高，能促进孩子身高和智力的增长以及各器官的发育。

看视频 学做菜

• 做法

1 洗好的银耳切去黄色根部，切成小块。

2 鸡蛋打入碗中，加入1克盐、1克鸡粉、7毫升水淀粉，搅散、调匀。

3 开水锅中放入银耳、1克盐，煮至断生，捞出。

4 用油起锅，倒入蛋液，炒至熟，盛出备用。

5 锅底留油，倒入焯好的银耳，放入鸡蛋。

6 倒入枸杞、葱花，翻炒匀。

7 加入1克盐、1克鸡粉、7毫升水淀粉，快速翻炒均匀，关火后盛出即可。

猪肉

[性味] 性温，味甘、咸

[归经] 归脾、胃、肾经

❖ 其他营养功效

猪肉既可提供血红素（有机铁）和促进铁吸收的半胱氨酸，又可提供人体所需的脂肪酸，对预防和改善缺铁性贫血大有裨益。另外，猪肉含有脂肪、矿物质及动物胶和多种氨基酸等，食后具有滋阴润燥、健脾胃、补虚损等功效。脾胃两虚所致的倦怠乏力、食欲不振的孩子可适当食用猪肉。

❖ 增高功效

猪肉含有较丰富的优质蛋白质，是孩子生长发育和长高的基础物质，猪肉中还含有较多的锌，锌也是孩子骨骼和智力发育必不可少的营养物质。

营养成分

猪肉中含有丰富的优质蛋白质，还含有脂肪、糖类、维生素A、维生素B$_1$、维生素B$_2$、烟酸、维生素C、维生素E、钙、铁、锌、磷、硒等。

温馨提示

❶ 新鲜的猪肉，肌肉有光泽，呈淡红或鲜红色，色泽均匀；用手指按压感觉有弹性、不粘手，凹陷部分能立即恢复。

❷ 买回来的猪肉可用水洗净，切成小块装入保鲜袋，再放入冰箱冷冻保存即可。

搭配宜忌

✔ 猪肉 + 白萝卜 ▶	消食、除胀、通便
✔ 猪肉 + 白菜 ▶	开胃消食
✔ 猪肉 + 香菇 ▶	保持营养均衡、开胃消食
✔ 猪肉 + 茄子 ▶	增加血管弹性
✔ 猪肉 + 芋头 ▶	滋阴润燥、养胃益血
✔ 猪肉 + 竹笋 ▶	清热化痰、解渴益气
✘ 猪肉 + 田螺 ▶	容易伤肠胃
✘ 猪肉 + 菱 ▶	容易造成便秘

猪肝瘦肉粥

• 原料

水发大米160克，猪肝90克，瘦肉75克，生菜叶30克，姜丝、葱花各少许

• 调料

盐2克，料酒4毫升，水淀粉、食用油各适量

• 做法

1 洗净的瘦肉切细丝，洗好的生菜切细丝。

2 猪肝切片装碗，加1克盐、料酒、水淀粉、食用油，拌匀，腌渍10分钟。

3 砂锅中注清水烧热，放入大米，煮20分钟。

4 倒入瘦肉丝，续煮20分钟。

5 倒入腌好的猪肝、姜丝，搅匀。

6 放入生菜丝、1克盐，搅匀调味，盛出装碗，撒上葱花即可。

专家点评

处于生长发育阶段的孩子对铁的需求量很大，经常吃些猪瘦肉能补充铁；猪瘦肉中还含有锌，对增进孩子食欲起着重要作用。

看视频 学做菜

青菜豆腐炒肉末

• 原料

豆腐300克，上海青100克，肉末50克，彩椒30克

• 调料

盐、鸡粉各2克，料酒、水淀粉、食用油各适量

• 做法

1 豆腐切丁，彩椒切块，上海青切小块。

2 热水锅中倒入豆腐丁，汆去豆腥味，捞出待用。

3 用油起锅，倒入肉末，炒至变色，倒入适量清水、料酒，拌匀。

4 倒入豆腐、上海青、彩椒，炒至熟透。

5 加入盐、鸡粉、水淀粉，翻炒匀，盛出装盘即可。

看视频 学做菜

专家点评

本品荤素搭配，能为孩子长高补充足够而全面的营养，适宜有挑食、营养不良、注意力不集中等现象的孩子食用。

鸡肉

【性味】性平，味甘

【归经】归脾、胃经

❖ 其他营养功效

鸡肉中蛋白质的含量较高，氨基酸种类多，且很容易被人体吸收，有温中益气、补精添髓、益五脏、补虚损、健脾胃、强筋骨的功效。其口感细腻、易于消化，很适合咀嚼、消化功能较差的学龄前儿童。儿童适量吃些鸡肉还可提高免疫力，对感冒引起的鼻塞、咳嗽等症状有缓解作用。

❖ 增高功效

鸡肉有补虚损、温中气、强筋骨的作用，其富含优质蛋白质、钙、磷、铁等营养素，可为孩子各系统器官发育和身高的增长提供丰富的营养。

营养成分

鸡肉含蛋白质、脂肪、糖类、维生素A、维生素B$_1$、维生素B$_2$、烟酸、维生素C、维生素E、钙、磷、铁、镁、锌、钾、钠等。

温馨提示

❶ 因为鸡肉中的脂肪主要存在于皮中，且多为饱和脂肪酸，所以烹调鸡肉时最好去皮。

❷ 鸡肉本身味道就很鲜美，烹调鲜鸡时，只需放油、盐、葱、姜等，无需放花椒、桂皮等厚味调料。鸡肉容易变质，购买后要尽快放入冰箱冷藏。

搭配宜忌

✔ 鸡肉 + 枸杞 ▶	补五脏益气血	
✔ 鸡肉 + 柠檬 ▶	增进食欲	
✔ 鸡肉 + 金针菇 ▶	增强记忆力	
✔ 鸡肉 + 花菜 ▶	益气壮骨促进消化	
✔ 鸡肉 + 丝瓜 ▶	清热利肠美白肌肤	
✔ 鸡肉 + 人参 ▶	止渴生津	
✘ 鸡肉 + 芥菜 ▶	影响身体健康	
✘ 鸡肉 + 糯米 ▶	引起身体不适、胃胀	

上海青炒鸡片

上海青焯的时间不宜太长，以免营养物质流失。

• 原料

鸡胸肉130克，上海青150克，红椒30克，姜片、蒜末、葱段各少许

• 调料

盐3克，鸡粉少许，料酒3毫升，水淀粉、食用油各适量

专家点评

上海青中富含膳食纤维，能为孩子清理肠胃，减少有毒物质的吸收，孩子经常食用还能预防便秘。

看视频 学做菜

• 做法

1 将上海青对半切开，红椒切小块。

2 鸡胸肉切片装碗，加1克盐、鸡粉、水淀粉、食用油，拌匀，腌渍10分钟。

3 开水锅中放入食用油、上海青，煮至断生，捞出。

4 用油起锅，倒入姜片、蒜末、葱段，爆香。

5 放入红椒、鸡肉片、料酒，翻炒匀，倒入焯好的上海青。

6 加入鸡粉、2克盐、水淀粉，翻炒至食材熟透即可。

鸭肉

「性味」性寒，味甘、咸

「归经」归脾、胃、肺、肾经

❖ 其他营养功效

鸭肉中脂肪含量低，且多为不饱和脂肪酸，儿童常食鸭肉有助于提高身体的免疫力、维护视网膜的正常功能。鸭肉中所含B族维生素和维生素E较其他肉类多，能有效抵抗脚气病、神经炎和多种炎症；鸭肉中含有较为丰富的烟酸，对保护儿童的神经系统、皮肤有重要作用。

❖ 增高功效

鸭肉含丰富的蛋白质，是孩子肌肉增长的必需营养素。孩子食用鸭肉，能减缓骨骼的成熟，延长骨生长时间，有助于体格和运动功能的发育。

营养成分

鸭肉含有蛋白质、不饱和脂肪酸、B族维生素、维生素E、维生素A等营养物质以及钙、铁、锌、镁、铜等矿物质。

温馨提示

❶ 选购鸭肉时，可观察其颜色，若体表光滑，呈乳白色、切开后呈玫瑰色，说明是优质鸭；若鸭皮表面渗出油脂，切面为暗红色或深黄色，说明鸭肉较差。

❷ 鉴别注水鸭，可用手轻拍，如果有波动的声音，则是注水鸭。

搭配宜忌

✓ 鸭肉 + 山药 ▶	滋阴润肺	
✓ 鸭肉 + 白菜 ▶	促进血液中胆固醇的代谢	
✓ 鸭肉 + 芥菜 ▶	滋阴润肺	
✓ 鸭肉 + 干贝 ▶	提供丰富的蛋白质	
✓ 鸭肉 + 地黄 ▶	提供丰富的营养	
✓ 鸭肉 + 金银花 ▶	滋润肌肤清热祛火	
✗ 鸭肉 + 大蒜 ▶	会破坏营养素	

粉蒸鸭肉

• 原料

鸭肉350克，蒸肉米粉50克，水发香菇110克，葱花、姜末各少许

• 调料

盐1克，五香粉5克，甜面酱30克，料酒5毫升

• 做法

1 取一碗，放入鸭肉，加入盐、五香粉、料酒、甜面酱。

2 倒入香菇、葱花、姜末、蒸肉米粉，搅拌片刻，装入蒸碗中，待用。

3 蒸锅中注清水烧开，放入拌好的鸭肉。

4 盖上盖，大火蒸30分钟至熟透。

5 揭盖，将鸭肉取出，扣在盘中即可。

看视频 学做菜

专家点评

鸭肉中含有丰富的蛋白质、B族维生素、维生素E，有清热解毒、补虚强身、利尿消肿等多种营养功效。

红豆鸭汤

• 原料

水发红豆250克，鸭腿肉300克，姜片、葱段各少许

• 调料

盐、鸡粉各2克，胡椒粉、料酒各适量

• 做法

1 锅中注清水烧开，倒入鸭腿肉，淋入料酒，略煮，汆去血水，捞出，装盘备用。

2 砂锅中注清水烧开，倒入红豆、鸭腿、姜片、葱段、料酒。

3 盖上盖，用大火煮开后转小火煮至熟透。

4 揭盖，放入盐、鸡粉、胡椒粉，拌匀。

5 关火后盛出煮好的汤，装入碗中即可。

看视频 学做菜

专家点评

养胃生津的鸭腿肉和健脾止泻的红豆搭配食用，对于先天不足、营养不良或过剩、体虚乏力、便秘、肥胖的孩子尤其有益。

猪肝

[性味] 性温，味甘、苦

[归经] 归肝经

❖ 其他营养功效

猪肝含有丰富的铁，铁是造血不可缺少的原料，有助于预防缺铁性贫血。猪肝富含蛋白质、卵磷脂和微量元素，有利于儿童的智力和身体发育。猪肝中含有丰富的维生素A，常吃猪肝，可保护视力。猪肝中含有一般肉类食品中缺乏的维生素C和微量元素硒，能增强人体的免疫力。

❖ 增高功效

猪肝含有丰富的维生素D，能促进机体对钙质的吸收，从而促使骨骼生长和钙化，可预防因钙吸收障碍引起的身材矮小，生长期孩子可适量食用。

营养成分

猪肝中含有大量的蛋白质、脂肪、维生素A、维生素B$_1$、维生素B$_2$、维生素B$_{12}$、维生素C、烟酸、维生素D、钙、磷、铁、镁、锌等。

温馨提示

❶ 选购猪肝时，看猪肝的外表，只要颜色紫红均匀，表面有光泽的就是正常的猪肝。也可用手触摸猪肝，感觉有弹性，无水肿、脓肿、硬块的是正常的猪肝。

❷ 猪肝内可能含有少量的有害物质，烹饪前可放在淡盐水中浸泡片刻。

搭配宜忌

✓ 猪肝 + 榛子	▶	有利于钙的吸收
✓ 猪肝 + 菠菜	▶	改善贫血
✓ 猪肝 + 白菜	▶	促进营养物质的吸收
✓ 猪肝 + 上海青	▶	增强免疫力促进消化
✓ 猪肝 + 松子	▶	促进营养物质的吸收
✓ 猪肝 + 腐竹	▶	增强人体免疫力
✗ 猪肝 + 花菜	▶	降低铜、铁的吸收
✗ 猪肝 + 豆腐	▶	诱发痛疾

丝瓜虾皮猪肝汤

猪肝切片腌渍后应及时入锅，以免营养成分流失。

推荐食谱

看视频 学做菜

• 原料

丝瓜90克，猪肝85克，虾皮12克，姜丝、葱花各少许

• 调料

盐、鸡粉各3克，水淀粉2毫升，食用油适量

• 做法

1 丝瓜去皮，切成片；猪肝切片，装入碗中。

2 加1克盐、1克鸡粉、水淀粉、食用油，拌匀，腌渍10分钟。

3 用油起锅，放入姜丝，爆香，放入虾皮，快速翻炒出香味。

4 倒入适量清水，用大火煮沸。

5 倒入丝瓜，加入2克盐、2克鸡粉，拌匀。

6 放入猪肝，搅散，煮至沸，盛出装碗，撒上葱花即可。

 专家点评

虾皮中含有丰富的钙，猪肝中富含维生素D，维生素D可以促进钙的吸收。故本品补钙壮骨的作用尤佳，对小儿缺钙引起的骨骼发育不良有食疗作用，可防止佝偻病。

鸡肝

[性味] 性微温，味甘、苦、咸

[归经] 归肝、肾经

❖ 其他营养功效

鸡肝中的维生素A含量高于猪肝，更远远超过蛋、奶、肉、鱼等食品，孩子经常吃些鸡肝，对保护眼睛、维持正常视力和防止眼睛干涩、疲劳有很大帮助，还有助于保护皮肤，维持皮肤和黏膜组织的屏障功能，提高免疫力。而且鸡肝含铁丰富，适量进食还能使皮肤红润。

❖ 增高功效

鸡肝含有的维生素B_2参与人体内的氧化与能量代谢，可提高蛋白质的利用率；其含有的维生素A具有维持正常生长和生殖功能的作用。

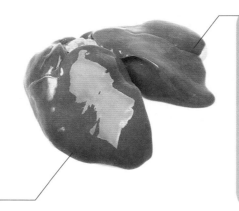

营养成分

鸡肝含蛋白质、脂肪、糖类、维生素A、B族维生素、维生素E、维生素D、钙、磷、铁、锌、镁、硒等。

温馨提示

❶ 将鸡肝剁成泥状煮粥或炖汤，给孩子食用，营养更易吸收。

❷ 选购鸡肝时，先闻气味，新鲜的鸡肝有扑鼻的肉香，变质的会有腥臭等异味。其次，看外形，新鲜的鸡肝充满弹性，陈鸡肝失去水分后边角干燥。

搭配宜忌

✔ 鸡肝 + 大米 ▶	治疗贫血及夜盲症	✘ 鸡肝 + 香椿 ▶ 降低营养价值
✔ 鸡肝 + 丝瓜 ▶	补血养颜	✘ 鸡肝 + 芥菜 ▶ 发生不良反应
✔ 鸡肝 + 芹菜 ▶	有利于铁的吸收	✘ 鸡肝 + 橙子 ▶ 不利于营养吸收
✔ 鸡肝 + 红枣 ▶	补血养血保护视力	✘ 鸡肝 + 白萝卜 ▶ 降低营养价值

看视频 学做菜

鸡肝粥

• 原料

鸡肝200克，水发大米500克，姜丝、葱花各少许

• 调料

盐1克，生抽5毫升

• 做法

1 洗净的鸡肝切条。

2 砂锅中注入适量清水，倒入大米，拌匀。

3 盖上盖，煮开后转小火煮40分钟至熟软。

4 揭盖，倒入鸡肝、姜丝，拌匀。

5 放入盐、生抽，拌匀，煮约5分钟至鸡肝熟透。

6 放入葱花，拌匀，关火后盛出即可。

专家点评

鸡肝中的维生素A含量非常高，儿童适当食用能有效维持皮肤和骨骼的健康，还能增强机体免疫力。

胡萝卜炒鸡肝

• 原料

鸡肝200克，胡萝卜70克，芹菜65克，姜片、蒜末、葱段各少许

• 调料

盐、鸡粉各3克，料酒8毫升，水淀粉3毫升，食用油适量

• 做法

1 芹菜切段，胡萝卜切条；鸡肝切片装碗，加1克盐、1克鸡粉、4毫升料酒，拌匀，腌渍入味。

2 开水锅中放入1克盐、胡萝卜、鸡肝，焯好后捞出。

3 用油起锅，放入姜片、蒜末、葱段，爆香。

4 倒入鸡肝、4毫升料酒、胡萝卜、芹菜，炒匀。

5 加1克盐、2克鸡粉、水淀粉，炒匀，盛出即可。

看视频 学做菜

专家点评

胡萝卜中含有丰富的糖类、B族维生素、胡萝卜素、钙、铁等成分，可促进小儿生长发育，预防贫血。

鸽肉

[性味] 性平，味咸

[归经] 归肝、肾经

❖ 其他营养功效

鸽肉具有补肾、益气、养血之功效。其中，乳鸽的骨内含有丰富的软骨素，经常食用，具有改善皮肤细胞活力、增强皮肤弹性、改善血液循环、使人面色红润等功效。鸽肉中还含有较多的支链氨基酸和精氨酸，可促进体内蛋白质的合成，为儿童的生长发育提供物质基础。

❖ 增高功效

鸽肉富含蛋白质及多种维生素和矿物质，能为骨骼发育提供丰富的营养和热量，预防骨骺线的提前闭合，使上下肢的长骨正常生长。

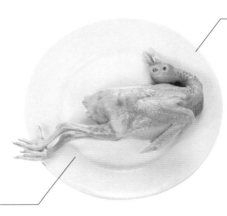

营养成分

鸽肉中含蛋白质、脂肪、维生素B_1、维生素B_2、维生素E、烟酸、胡萝卜素、锌、镁、铁、钙、磷、硒、钾等营养成分。

温馨提示

❶ 鸽肉较容易变质，购买后要马上放进冰箱里；如果一时吃不完，最好将剩下的鸽肉煮熟保存。

❷ 鸽肉鲜嫩味美，孩子食用鸽肉以清蒸或煲汤最好，这样能最大限度地保存其营养成分。

搭配宜忌

✔ 鸽肉 + 枸杞 ▶	养肝明目 补血益气	
✔ 鸽肉 + 猪肉 ▶	增强免疫力	
✔ 鸽肉 + 红枣 ▶	滋阴养血 强身健体	

✘ 鸽肉 + 猪肝 ▶	使皮肤出现色素沉着	
✘ 鸽肉 + 黄花菜 ▶	易引发痔疮	
✘ 鸽肉 + 黑木耳 ▶	使人面色生黑	
✘ 鸽肉 + 海带 ▶	影响营养物质的吸收	

陈皮银耳炖乳鸽

乳鸽不宜加太多调味品，以免影响其口感。

• 原料

乳鸽600克，水发银耳5克，水发陈皮2克，高汤300毫升，姜片、葱段各少许

• 调料

盐3克，鸡粉2克，料酒适量

专家点评

本品具有补钙、补血、促进新陈代谢、增强免疫力等功效，是孩子增高壮骨、补血养血的滋补佳品。

看视频 学做菜

• 做法

1 开水锅中倒入处理好的乳鸽，氽片刻。

2 捞出氽好的乳鸽，放入炖盅内。

3 加入姜片、葱段、银耳、陈皮、高汤、盐、鸡粉、料酒，盖上盖。

4 蒸锅中注入适量清水烧开，放入炖盅。

5 盖上盖，炖2小时至食材熟透。

6 取出炖盅，揭盖，待稍微放凉即可食用。

牛肉

[性味] 性平，味甘

[归经] 归脾、胃经

❖ 其他营养功效

牛肉中含有丰富的维生素B_6，能促进蛋白质的合成和新陈代谢，增强人体免疫力，生长发育期的孩子食用后有增强体质的作用。儿童生长发育迅速，且新陈代谢快、运动量大，对于热量和维持身体生长发育需要的营养物质需求都很大，所以，应该每天保证禽畜肉类的摄取量，适宜经常吃一些牛肉。

❖ 增高功效

牛肉中富含优质蛋白质，对增高助长、增长肌肉特别有益，能增强运动对骨骼的促长效果，处于生长发育快速期的孩子适宜经常吃。

营养成分

牛肉中含有蛋白质、脂肪、糖类、维生素A、维生素E、烟酸、维生素B_1、维生素B_2、钙、磷、铁、锌、肌醇、黄嘌呤、牛磺酸等。

温馨提示

❶ 选购牛肉时应注意，新鲜的牛肉有光泽，红色均匀，脂肪洁白或淡黄色。

❷ 牛肉纤维较粗，不易咀嚼，应该切成薄片或制成肉馅、肉丸，再烹调给孩子食用。此外，烹饪时放一个山楂、一块橘皮或一点茶叶，牛肉更易烂。

搭配宜忌

✓ 牛肉 + 土豆 ▶	保护胃黏膜促进消化	✗ 牛肉 + 生姜 ▶ 导致体内热生火盛
✓ 牛肉 + 洋葱 ▶	开胃消食	✗ 牛肉 + 橄榄 ▶ 容易引起身体不适
✓ 牛肉 + 枸杞 ▶	养肝明目益气补血	✗ 牛肉 + 鲶鱼 ▶ 引起中毒
✓ 牛肉 + 鱼肉 ▶	预防便秘	✗ 牛肉 + 红糖 ▶ 引起腹胀

萝卜炖牛肉

- 原料

胡萝卜120克，白萝卜230克，牛肉270克，姜片少许

- 调料

盐2克，老抽2毫升，生抽、水淀粉各6毫升

- 做法

1 白萝卜去皮，切大块；胡萝卜去皮，切块。

2 处理好的牛肉切开，改切成块，备用。

3 锅中注清水烧热，放入牛肉、姜片、老抽、生抽、盐，拌匀。

4 盖上盖，煮开后用中小火煮30分钟。

5 揭盖，倒入备好的白萝卜、胡萝卜，续煮15分钟。

6 倒入水淀粉，炒至食材熟软，盛出即可。

专家点评

胡萝卜可保护视力；白萝卜能健胃消食；牛肉则能滋养脾胃、强筋健骨，提高机体免疫力。

牛肉南瓜汤

- 原料

牛肉120克，南瓜95克，胡萝卜70克，洋葱50克，牛奶100毫升，高汤800毫升，黄油少许

- 做法

1 洋葱切成粒；胡萝卜去皮，切成粒。

2 南瓜去皮，切小丁块；牛肉切成粒。

3 煎锅置于火上，倒入黄油，拌至其熔化。

4 倒入牛肉，炒至变色，放入洋葱、南瓜、胡萝卜，炒至变软。

5 加入牛奶、高汤，搅拌均匀。

6 用中火煮约10分钟至食材入味，关火后盛出煮好的南瓜汤即可。

专家点评

牛肉具有补中益气、强筋壮骨等功效；牛奶能补钙壮骨；处于生长发育期，尤其是身高增长快速期的孩子可常食本品。

鸡蛋

[性味] 性平，味甘

[归经] 归心、肾、脾经

❖ 其他营养功效

鸡蛋含有丰富的卵磷脂，卵磷脂属于一种混合物，是人体生命活动的基础，被誉为"脑黄金"，有健脑益智、滋养脑细胞的作用，生长发育期的儿童食用后可促进脑部的发育。同时卵磷脂还能修复体内受损伤的细胞膜，增加细胞活性，增强机体活力，有效提高儿童防病抗病的能力。

❖ 增高功效

鸡蛋营养全面，是孩子骨骼发育所需的优质蛋白质、维生素和矿物质来源，且吸收利用率高，能有效预防儿童营养不良引起的发育迟缓。

营养成分

鸡蛋中含有丰富的蛋白质、脂肪、维生素A、维生素B_1、维生素B_2、维生素D、维生素E、钙、磷、铁、锌、钾等。

温馨提示

❶ 鸡蛋被称为"人类理想的营养库"，每天一个鸡蛋对孩子的身体和智力发育大有好处。

❷ 对消化功能尚未成熟的儿童来说，煮鸡蛋不易消化，蒸蛋羹、打蛋花汤较为适合，因为这两种做法能使蛋白质松解，极易被儿童消化吸收。

搭配宜忌

✓ 鸡蛋 + 菠菜 ▶	养心、安神补钙、润肺	✓ 鸡蛋 + 百合 ▶ 清热解毒养心安神
✓ 鸡蛋 + 苦瓜 ▶	维持骨骼、牙齿的健康	✓ 鸡蛋 + 干贝 ▶ 增强免疫力
✓ 鸡蛋 + 韭菜 ▶	保肝护肾	✗ 鸡蛋 + 柿子 ▶ 引发肠炎
✓ 鸡蛋 + 豆腐 ▶	有利于钙的吸收	✗ 鸡蛋 + 兔肉 ▶ 引起腹泻降低营养价值

菠菜炒鸡蛋

菠菜可先焯一下再炒，口感会更好。

推荐食谱

看视频 学做菜

• 原料

菠菜65克，鸡蛋2
个，彩椒10克

• 调料

盐、鸡粉各2克，食
用油适量

• 做法

1 洗净的彩椒切开，去籽，再切成丁。

2 洗好的菠菜切成粒。

3 将鸡蛋打入备好的碗中，加入盐、鸡粉，搅散，制成蛋液，
待用。

4 用油起锅，倒入蛋液，翻炒均匀。

5 加入彩椒，翻炒匀，倒入菠菜粒，炒至食材熟软。

6 关火后盛出炒好的菜肴，装入盘中即可。

专家点评

菠菜富含胡萝卜素、钙和铁，能养血健骨；鸡蛋富含优质蛋
白质，有利于骨骼的生长。两者搭配，具有健脑益智、增高
促长、预防贫血等功效。

牛奶

[性味] 性平，味甘

[归经] 归心、肺、胃经

❖ 增高功效

牛奶的营养成分十分全面，是孩子补钙的优质食物来源，且其钙、磷比例适当，非常容易吸收；牛奶还有利于促进睡眠，进而助力孩子长高。

❖ 其他营养功效

牛奶中含有丰富的乳糖，可促进人体对钙和铁的吸收，促进身体发育，同时其还能增强肠胃蠕动，预防便秘，增进儿童的食欲。牛奶中含有的维生素B_2，还有助于儿童视力的发育，对维持正常的视力，预防近视有利。另外，牛奶中的碘、锌和卵磷脂能大大提高脑的学习效率，儿童宜经常饮用。

营养成分

牛奶含蛋白质、脂肪、糖类、维生素A、维生素B_1、维生素B_2、维生素C、维生素E及钙、磷、铁、锌、铜、锰、钼等。

温馨提示

❶ 新鲜的牛奶呈乳白色或略带微黄色，有鲜牛乳固有的清香，无异味；呈均匀的流体，无分层、无明显不溶性杂质、无凝结、无黏稠现象。

❷ 购买时应选择正规厂家生产，经过严格杀菌的牛奶。

搭配宜忌

✓ 牛奶 + 鸡蛋 ▶	增强免疫力 促进生长	✗ 牛奶 + 韭菜 ▶ 影响人体对钙的吸收
✓ 牛奶 + 木瓜 ▶	美白护肤 通便	✗ 牛奶 + 巧克力 ▶ 易发生腹泻、头发干枯
✓ 牛奶 + 草莓 ▶	养心安神	✗ 牛奶 + 菱角 ▶ 引起不适
✓ 牛奶 + 红枣 ▶	补血、健脾	✗ 牛奶 + 菠菜 ▶ 引发痢疾

香蕉奶昔

• 原料

香蕉1根，圣女果15克，牛奶100毫升

• 做法

1 洗净的圣女果对半切开，再切成小块。

2 将香蕉去皮，果肉切成片。

3 取榨汁机，倒入牛奶、香蕉片，盖上盖子。

4 将食材榨成香蕉牛奶汁，倒入碗中。

5 再放上切好的圣女果即可。

专家点评

香蕉含有糖类、维生素A、锌、铁、钾、镁等营养成分，具有清热、解毒、生津、润肠等作用，搭配牛奶食用，更有助于儿童的生长发育。

牛奶花生核桃豆浆

• 原料

花生米15克，核桃仁8克，牛奶20毫升，水发黄豆50克

• 做法

1 碗中放入黄豆、花生米，加适量清水，搓洗干净，沥干待用。

2 取豆浆机，倒入洗净的食材、核桃仁、牛奶。

3 注入适量清水，盖上机头，启动豆浆机。

4 待豆浆机运转约15分钟，即成豆浆。

5 断电，取下机头，把煮好的豆浆倒入滤网中，滤取豆浆。

6 将滤好的豆浆倒入碗中即可。

专家点评

本品具有益智健脑、缓解疲劳、提高记忆力、促进长高等功效，是孩子补充营养的最佳饮品之一。

酸奶

[性味]性平，味酸、甘

[归经]归心、肺、胃经

❖ 其他营养功效

酸奶含有多种酶，能促进食物的消化吸收，还有利于增进孩子的食欲，预防便秘。同时，儿童食用酸奶能够增强机体的免疫力，抵抗流感病毒的侵袭。酸奶在发酵过程中乳糖、蛋白质和脂肪被分解为半乳糖、氨基酸、肽链和脂肪酸，所以乳糖不耐受及消化功能差的儿童也可以饮用酸奶。

❖ 增高功效

酸奶含有的乳酸能有效提高钙、磷在人体中的利用率，是补钙增高的佳品。常食酸奶，还能调节孩子的肠道功能，提高孩子的抗病能力。

营养成分

酸奶中含蛋白质、脂肪、磷脂、糖类、维生素A、维生素C、维生素E、B族维生素及钙、磷、铁、锌、钼等。

温馨提示

❶ 正常的酸奶呈乳白色或略带微黄色，色泽均匀一致；色泽和气味纯正，具有酸牛乳特有的清香，无酒精发酵味、霉味及其他不良气味。

❷ 患有小儿痴呆、急性肾炎及肾衰竭的人群不宜食用。

搭配宜忌

✓	酸奶 + 猕猴桃	▶	维持肠道健康 美白肌肤
✓	酸奶 + 苹果	▶	开胃消食
✓	酸奶 + 草莓	▶	壮骨 增强免疫力
✓	酸奶 + 红枣	▶	养血益气
✗	酸奶 + 花菜	▶	影响人体对钙的吸收
✗	酸奶 + 菠菜	▶	影响人体对钙的吸收
✗	酸奶 + 黄豆	▶	影响人体对钙的吸收
✗	酸奶 + 火腿	▶	致癌

榛子腰果酸奶

• 原料

榛子40克 ，腰果45克，枸杞10克，酸奶300毫升

• 调料

食用油适量

• 做法

1　热锅注油，烧至四成热。

2　倒入洗净的腰果、榛子，炸出香味。

3　将炸好的腰果和榛子捞出，沥干油。

4　取一个杯子，倒入酸奶，放入炸好的腰果、榛子。

5　再放上洗净的枸杞即可。

看视频 学做菜

专家点评

酸奶、榛子、腰果中均含有丰富的钙，能为孩子的骨骼发育补充足够的钙质，预防孩子因缺钙引起的骨骼发育迟缓、佝偻病等。

橙盅酸奶水果沙拉

• 原料

橙子1个，猕猴桃肉35克，圣女果50克，酸奶30毫升

• 做法

1　将猕猴桃肉切小块，圣女果对半切开。

2　洗净的橙子切去头尾，从中间分成两半。

3　将果肉取出，制成橙盅，再把果肉改切成小块。

4　取一大碗，倒入切好的圣女果、橙子肉、猕猴桃肉，快速搅拌一会儿。

5　另取一盘，放上做好的橙盅，摆整齐。

6　再盛入拌好的材料，浇上酸奶即可。

看视频 学做菜

专家点评

本品中的水果均含有丰富的维生素C，对促进儿童长高和大脑发育、增强免疫力十分有益。

鳕鱼

[性味] 性平, 味甘

[归经] 归肝、胃经

❖ 其他营养功效

鳕鱼含有丰富的鱼肝油, 其多为不饱和脂肪酸, 能促进儿童脑部的发育, 同时对儿童的视力也有保护作用。另外, 鳕鱼肉中含有丰富的镁元素, 是人体维持正常生命活动和新陈代谢必不可少的元素, 对心血管系统有很好的保护作用, 肥胖儿童食用可预防心血管疾病。

❖ 增高功效

鳕鱼中富含钙和维生素D, 而维生素D有助于钙的吸收, 可防止因缺钙引起的身材矮小; 其中的锌能增进孩子食欲, 保证长高所需的营养充足。

营养成分

鳕鱼中含有蛋白质、脂肪、糖类、维生素A、维生素B₁、维生素B₂、维生素D、烟酸、钙、磷、钾、镁、铁、钠、硒等营养成分。

温馨提示

❶ 新鲜的鳕鱼, 鱼肉略带粉红色, 鱼身较为圆润, 肉质有弹性。

❷ 保存鳕鱼, 可在鱼肉的表面抹上盐, 然后用保鲜膜裹好, 放入冰箱冷冻保存, 这样不仅能增添鳕鱼的美味, 而且保存时间也比较长。

搭配宜忌

✓ 鳕鱼 + 西蓝花 ▶	促进维生素的吸收	✓ 鳕鱼 + 姜 ▶ 去腥味
✓ 鳕鱼 + 豆腐 ▶	提高蛋白质的吸收率	✓ 鳕鱼 + 咖喱 ▶ 容易消化营养丰富
✓ 鳕鱼 + 香菇 ▶	补脑健脑	✗ 鳕鱼 + 橙子 ▶ 影响营养吸收
✓ 鳕鱼 + 青椒 ▶	增进食欲	✗ 鳕鱼 + 红酒 ▶ 产生腥味不利于消化

香煎银鳕鱼

煎鳕鱼前在鱼身裹上生
粉，可防止油溅到身上。

• 原料

鳕鱼180克，姜片少许

• 调料

生抽2毫升，盐1克，料酒3毫
升，食用油适量

专家点评

鳕鱼中除含有丰富的钙质
外，还富含维生素A和维生
素D。维生素D可以促进钙
的吸收，有助于骨骼的发
育；维生素A也是孩子生长
发育不可缺少的元素。

看视频 学做菜

• **做法**

1 取一碗，放入洗好的鳕鱼，放入姜片。

2 加生抽、盐、料酒，抓匀，腌渍入味。

3 煎锅中注入适量食用油烧热。

4 放入腌渍好的鳕鱼，用小火煎约1分钟，至煎出焦香味。

5 翻面，煎约1分钟至鳕鱼呈焦黄色。

6 把煎好的鳕鱼块盛出，装入盘中即可。

三文鱼

[性味] 性平，味甘

[归经] 归脾、胃经

❖ 其他营养功效

三文鱼含有一种叫作虾青素的物质，是一种强力的抗氧化剂，能有效抵御自由基对身体的侵害。同时其所含的 Ω-3 脂肪酸更是脑部、视网膜及神经系统所必不可少的物质，有增强脑功能的作用。另外，三文鱼所含的谷氨酸也能够兴奋神经中枢，对儿童的大脑、神经发育和维持脑细胞功能有重要作用。

❖ 增高功效

三文鱼含有丰富的维生素D和钙，有助于钙的吸收利用；三文鱼中丰富的维生素，还能促使生长激素发挥正常的功能，对长高有益。

营养成分

三文鱼中含有丰富的优质蛋白质和不饱和脂肪酸，还含有维生素A、维生素B$_1$、维生素B$_2$、维生素E、维生素D、钙、锌、硒、锰等元素。

温馨提示

❶ 新鲜的三文鱼有一层完整无损、带有鲜银色的鱼鳞，透亮有光泽；鱼皮黑白分明，无瘀伤；眼睛清亮，瞳孔颜色深而且闪亮。

❷ 三文鱼宜做成八成熟，这样既可去除鱼腥味，还能保留其鲜味。

搭配宜忌

✔ 三文鱼 + 柠檬 ▶	促进营养的吸收	❌ 三文鱼 + 茶 ▶ 不利于营养消化吸收
✔ 三文鱼 + 西红柿 ▶	滋润肌肤 抗衰老	❌ 三文鱼 + 奶酪 ▶ 不利于营养消化吸收
✔ 三文鱼 + 蘑菇 ▶	增强免疫力	❌ 三文鱼 + 橙子 ▶ 形成有毒物质
✔ 三文鱼 + 豆腐 ▶	滋阴润燥 健脾开胃	❌ 三文鱼 + 甘草 ▶ 降低营养价值

三文鱼金针菇卷

三文鱼不要切得太薄，以免煎的时候鱼肉破碎。

推荐食谱

看视频 学做菜

• 原料

三文鱼160克，金针菇65克，菜心50克，蛋清30克

• 调料

盐3克，胡椒粉2克，生粉、食用油各适量

• 做法

1 菜心切去根部；三文鱼切薄片。

2 三文鱼装碗，加1克盐、胡椒粉，搅匀，腌渍入味。

3 开水锅中放入菜心，煮至断生，加食用油、2克盐，续煮片刻，捞出装盘，备用。

4 取蛋清，加生粉，搅匀，制成蛋液。

5 取鱼肉片，抹上蛋液，放入金针菇，制成数个鱼卷生坯。

6 煎锅置于火上，淋入食用油，放入鱼卷，煎至熟透。

7 盛出鱼卷，摆放在菜心上即可。

专家点评

金针菇是益智增高佳蔬，芥菜中含有丰富的维生素和钙，三文鱼中富含维生素D和钙，蛋清中含有丰富的优质蛋白质，搭配成菜，能为孩子长高补充必需的营养素。

虾

[性味] 性温，味甘

[归经] 归肝、肾经

❖ 其他营养功效

虾营养丰富，属于高蛋白、低脂肪食物，其中的高蛋白特别适合人体吸收，是孩子生长发育、补充营养的良好食物来源。而且，虾中含有丰富的镁，可以调节心脏活动、促进血液循环、保护儿童心血管健康。虾有温补肾气的作用，对于先天不足、体质虚寒的儿童有一定的补益效果。

❖ 增高功效

虾中含钙极为丰富，钙是骨骼的主要成分，有助于长骨中骺软骨的不断生长。尤其是在婴幼儿期和青春期，食用虾长高效果会更加明显。

营养成分

虾中含有蛋白质、脂肪、维生素A、维生素E、维生素B_1、维生素B_2、烟酸、钙、铁、锌、磷、硒、镁、钾、碘等。

温馨提示

❶ 水产品类食材要挑选新鲜的，否则食用后容易导致肠胃不适。挑选时应注意，新鲜的虾头尾与身体紧密相连，虾身有一定的弯曲度。河虾呈青绿色，海虾呈青白色或蛋黄色。

❷ 将虾剥除虾壳和头、挑去肠，洗净沥干，然后洒上酒，再放进冰箱冷冻保存。

搭配宜忌

✓ 虾 + 白菜 ▶	增强免疫力	
✓ 虾 + 豆腐 ▶	促进消化 补钙	
✓ 虾 + 西蓝花 ▶	补脾和胃 补肾	
✓ 虾 + 韭菜花 ▶	治疗夜盲症及便秘	
✓ 虾 + 枸杞 ▶	补益气血 补钙壮骨	
✓ 虾 + 豆苗 ▶	促进食欲 易于消化	
✗ 虾 + 南瓜 ▶	引起痢疾	
✗ 虾 + 红枣 ▶	易中毒	

看视频 学做菜

鲜虾粥

- 原料

基围虾200克，水发大米300克，葱花、姜丝各少许

- 调料

料酒4毫升，盐、胡椒粉各2克，食用油少许

- 做法

1 将处理好的虾切去虾须，去除虾线。

2 砂锅中注清水烧热，倒入大米，搅拌片刻。

3 盖上盖，烧开后转小火煮20分钟至熟软。

4 揭盖，加入食用油、虾、姜丝、盐、料酒、胡椒粉，搅匀。

5 续煮2分钟至其入味，搅拌片刻，盛出装碗，撒上葱花即可。

专家点评

虾与大米熬成粥，营养十分丰富，而且肉质松软、易消化，对消化器官未发育完全以及体质虚弱的孩子极为适宜。

虾仁炒上海青

- 原料

上海青150克，鲜虾仁40克，葱段8克，姜末、蒜末各5克

- 调料

盐2克，鸡粉1克，料酒5毫升，水淀粉6毫升，食用油适量

- 做法

1 上海青切瓣，修齐根部；虾仁背部划一刀。

2 虾仁装碗，加1克盐、料酒、3毫升水淀粉，腌渍5分钟。

3 用油起锅，爆香姜末、蒜末、葱段。

4 放入虾仁，翻炒数下，倒入上海青，翻炒约2分钟，加入1克盐，放入鸡粉、3毫升水淀粉。

5 关火后盛出菜肴，摆盘即可。

看视频 学做菜

专家点评

虾中含有丰富的优质蛋白质，特别适合人体吸收，还含有多种微量元素，是孩子益智长高、补充营养的较好选择。

牡蛎

[性味] 性微寒，味咸、涩

[归经] 归肝、心、肾经

❖ 其他营养功效

牡蛎中的锌含量极高，是参与身体的各项活动、促进身体发育的重要物质，能有效保证胸腺发育，促进正常分化T淋巴细胞，增强细胞免疫功能。同时，牡蛎中含有的多种优良的氨基酸，具有解毒的作用，可以除去体内的有毒物质，有利于孩子的身体健康。

❖ 增高功效

对处于发育期的孩子来说，骨骼的生长发育需要大量的钙质，而牡蛎就是充足的钙质来源。牡蛎中含有的硒还能促进免疫系统的发育，提高免疫力。

营养成分

牡蛎（生蚝）中含有丰富的蛋白质、脂肪、糖类、维生素A、维生素B_1、维生素B_2、维生素E、钙、磷、镁、铁、锌、硒等。

温馨提示

❶ 如果牡蛎要蒸着吃，等水完全沸腾后再放入牡蛎，待外壳完全张开后，再蒸4~9分钟。因生牡蛎含有两种破坏力极大的病原体：诺罗病毒和霍乱弧菌，所以要避免生食。

❷ 牡蛎性偏寒凉，所以脾虚腹泻的孩子还是要尽量少吃或不吃。

搭配宜忌

✓ 牡蛎 + 百合 ▶	滋阴润肺 止咳化痰	✗ 牡蛎 + 糖 ▶ 容易导致胸闷气短
✓ 牡蛎 + 蒜 ▶	去腥提鲜	✗ 牡蛎 + 葡萄 ▶ 容易导致胃肠不适
✓ 牡蛎 + 鸡蛋 ▶	促进骨骼生长	✗ 牡蛎 + 柿子 ▶ 阻碍蛋白质的吸收
✓ 牡蛎 + 发菜 ▶	增进食欲 润肠通便	✗ 牡蛎 + 山楂 ▶ 阻碍蛋白质的吸收

韭黄炒牡蛎

可用清水多冲洗几次牡蛎，以去除其中的杂质。

• 原料

牡蛎肉400克，韭黄200克，彩椒50克，姜片、蒜末各适量，葱花少许

• 调料

生粉15克，生抽8毫升，鸡粉、盐、料酒、食用油各适量

专家点评

韭黄中含有丰富的蛋白质、钙、铁、磷以及多种维生素，具有增高助长、增强体质等作用。

看视频 学做菜

• 做法

1　洗净的韭黄切段，洗好的彩椒切条。

2　将牡蛎肉装碗，加料酒、鸡粉、盐、生粉，拌匀。

3　开水锅中倒入牡蛎，汆片刻，捞出。

4　用油起锅，放入姜片、蒜末、葱花，爆香。

5　倒入汆好的牡蛎，炒匀，淋入生抽、料酒，炒匀提味。

6　放入彩椒、韭黄段，翻炒均匀。

7　加鸡粉、盐，炒匀调味，关火后盛出即可。

海带

[性味] 性寒，味咸

[归经] 归肝、胃、肾、肺经

❖ 其他营养功效

海带含有丰富的铁、锌，能补充孩子生长所需的铁和锌，有效预防孩子厌食、挑食。海带还含有特别丰富的烟酸，烟酸具有加快人体新陈代谢的作用，可促进孩子生长发育。儿童常吃海带有促进智力发育、促进骨骼和牙齿的生长和增强机体免疫力、促进胃肠蠕动和预防便秘等多种益处。

❖ 增高功效

海带中含有较为丰富的钙质，能使骨质钙化；海带还富含碘元素，碘对甲状腺激素的合成有重要作用，进而促进骨骼的生长发育。

营养成分

海带含蛋白质、多不饱和脂肪酸、碘、钾、钙、镁、铁、维生素A、B族维生素、维生素C、维生素P、藻胶酸、昆布素等。

温馨提示

❶ 制作海带时，应先将海带洗净之后再浸泡，然后将浸泡的水和海带一起下锅做汤食用，这样可避免溶于水的甘露醇和某些维生素的损失，从而保存了海带中的有效成分。

❷ 海带性偏寒凉，脾胃虚弱、腹泻的孩子不宜多吃。

搭配宜忌

✓ 海带 + 生菜 ▶	预防缺铁性贫血 促进消化	
✓ 海带 + 豆腐 ▶	补钙、补碘	
✓ 海带 + 冬瓜 ▶	清热消暑	
✓ 海带 + 猪肉 ▶	润燥除湿 强身健体	
✓ 海带 + 排骨 ▶	预防皮肤瘙痒	
✓ 海带 + 黑木耳 ▶	增强免疫力 预防便秘	
✗ 海带 + 猪血 ▶	引起便秘	
✗ 海带 + 葡萄 ▶	影响钙、铁的吸收	

海带丝拌菠菜

海带泡发后可多清洗几次，以洗去多余的盐分。

推荐食谱

看视频 学做菜

• 原料

海带丝230克，菠菜85克，熟白芝麻15克，胡萝卜25克，蒜末少许

• 调料

盐、鸡粉各2克，生抽4毫升，芝麻油6毫升，食用油适量

• 做法

1 海带丝切成段，胡萝卜去皮，切细丝。

2 开水锅中倒入切好的食材，淋入食用油，搅匀，焯至断生，捞出。

3 另起锅，注入清水烧开，倒入菠菜、食用油，焯至断生，捞出。

4 取一个大碗，倒入焯好的食材，拌匀。

5 加入备好的蒜末、盐、鸡粉、生抽、芝麻油、白芝麻，搅拌均匀即可。

专家点评

菠菜富含维生素C、胡萝卜素、钙、铁、磷等，处于生长发育期的儿童食用，有健脑、长高的作用；菠菜中含有的叶酸还有益于宝宝的脑神经发育。

紫菜

「性味」性寒，味甘、咸

「归经」归肺经

❖ 其他营养功效

紫菜具有增强记忆力、防治幼儿贫血、促进牙齿生长的功效。紫菜中所含的多糖还具有明显增强细胞免疫和体液免疫功能的作用，可促进淋巴细胞转化。因紫菜中富含碘，所以孩子适当食用紫菜，有助于提高机体的免疫力，预防淋巴结核、脚气病、甲状腺肿大等疾病。

❖ 增高功效

紫菜的含钙量非常丰富，能增加成骨细胞，促进骨骼发育，婴幼儿期或青春期食用紫菜，对骨骼及牙齿的生长发育的效果尤为明显。

营养成分

紫菜富含蛋白质、多不饱和脂肪酸、维生素A、维生素C、维生素B_1、维生素B_2、碘、钙、铁、磷、锌、锰、铜等。

温馨提示

❶ 紫菜营养丰富，富含多种维生素和矿物质，有助于孩子的生长发育。做汤、炒菜或煮粥时，加点紫菜还能使食物的味道鲜香，增进孩子的食欲。

❷ 紫菜性偏寒凉，脾胃虚弱、腹泻的孩子不宜多吃。

搭配宜忌

✔ 紫菜 + 虾仁 ▶	养心安神 软坚利咽	
✔ 紫菜 + 鸡蛋 ▶	补充维生素 B_{12} 补充钙质	
✔ 紫菜 + 白萝卜 ▶	增进食欲 清心安神	
✔ 紫菜 + 猪肉 ▶	滋阴润燥 化痰软坚	
✔ 紫菜 + 甘蓝 ▶	帮助合成牛磺酸	
✔ 紫菜 + 田螺 ▶	营养丰富	
✘ 紫菜 + 花菜 ▶	影响钙的消化吸收	
✘ 紫菜 + 柿子 ▶	不利于食物的消化吸收	

紫菜笋干豆腐煲

煮好的汤中加点胡椒粉，
会更加开胃。

• 原料

豆腐150克，笋干粗丝30克，
虾皮10克，水发紫菜5克，枸
杞5克，葱花2克

• 调料

盐、鸡粉各2克

专家点评

本品能为孩子生长发育补
充足量的钙和蛋白质，具
有增强记忆力、提高人体
免疫力等多种功效。

看视频 学做菜

• 做法

1 将洗净的豆腐切片。

2 砂锅中注清水烧热，倒入笋干、虾皮、豆腐片，拌匀。

3 加入1克盐、1克鸡粉，拌匀。

4 盖上盖，用大火煮15分钟至食材熟透；揭盖，倒入枸杞、紫菜。

5 加入1克盐、1克鸡粉，拌匀。

6 关火后将煮好的汤盛入碗中，撒上葱花即可。

苹果

[性味] 性凉，味甘、微酸

[归经] 归脾、肺经

❖ 其他营养功效

苹果有"智慧果""记忆果"的美称，因其富含维生素和矿物质等多种大脑必需的营养素，有利于孩子的大脑发育，增强记忆力。苹果中还含有多酚及黄酮类天然抗氧化物质，以及大量纤维，孩子食用，有增进食欲、润肺除烦、润泽肌肤、预防便秘的作用。

❖ 增高功效

苹果中营养丰富，含有较多的维生素C、维生素E和铁、锌、钙等营养元素，具有补脑、长高、宁神的功效，处在生长发育期的孩子可常食苹果。

营养成分

苹果富含糖类，主要是蔗糖、还原糖，还含有蛋白质、脂肪、磷、钙、铁、钾、苹果酸、单宁酸、果胶、纤维素、维生素C、B族维生素等营养成分。

温馨提示

❶ 新鲜优质的苹果应该结实、松脆、色泽美观、有一定的香味。

❷ 苹果放在阴凉处可保持7～10天新鲜，如果装入塑料袋，再放进冰箱里，能保存更长时间。

搭配宜忌

✔	苹果 + 银耳	▶	润肺止咳 促进消化
✔	苹果 + 鱼肉	▶	治疗腹泻
✔	苹果 + 牛奶	▶	清热生津 防癌抗癌
✔	苹果 + 芦荟	▶	消食下气
✔	苹果 + 香蕉	▶	预防铅中毒
✔	苹果 + 枸杞	▶	有利于营养的消化和吸收
✘	苹果 + 胡萝卜	▶	破坏维生素C
✘	苹果 + 海味	▶	易引发恶心 易引发呕吐

葡萄干苹果粥

- 原料

去皮苹果200克，水发大米400克，葡萄干30克

- 调料

冰糖20克

- 做法

1 洗净的苹果去核，切成丁。

2 砂锅中注清水烧开，倒入大米，拌匀。

3 盖上盖，大火煮20分钟至熟。

4 揭盖，放入葡萄干、苹果，拌匀，续煮2分钟至食材熟透。

5 加入冰糖，搅拌片刻，至冰糖溶化，关火后盛出即可。

专家点评

葡萄干中的钙和铁含量十分丰富，可补气血、促长高、强骨骼；葡萄干还含有多种维生素，有缓解疲劳、增进食欲的作用。

苹果炖鱼

- 原料

草鱼肉150克，猪瘦肉、苹果各50克，红枣10克，姜片少许

- 调料

盐3克，鸡粉4克，料酒8毫升，水淀粉3毫升，食用油适量

- 做法

1 苹果去核，切块；草鱼肉切块；红枣去核。

2 猪瘦肉切块，加1克盐、1克鸡粉、水淀粉，腌渍入味。

3 用油起锅，放入姜片、草鱼块，煎至微黄，加入料酒、清水，放入红枣、2克盐、3克鸡粉，拌匀，倒入瘦肉，焖煮约5分钟至熟。

4 倒入苹果块，续煮1分钟，盛出即可。

专家点评

草鱼中含有丰富的蛋白质与不饱和脂肪酸，可促进血液循环、增强免疫力，是孩子补虚强身的佳品。

草莓

[性味] 性凉，味甘、酸

[归经] 归肺、脾经

❖ 其他营养功效

草莓中所含的胡萝卜素是合成维生素A的重要物质，具有明目养肝的作用，孩子常食，有助于保护视力、预防近视。另外，草莓中含有大量的果胶及纤维素，可促进胃肠蠕动、帮助消化、预防和改善孩子便秘。草莓是鞣酸含量丰富的食物，在体内鞣酸可吸附和阻止致癌化学物质的吸收。

❖ 增高功效

草莓中的维生素C含量非常高，有助于骨胶原物质的形成，对促进孩子的生长发育，强化骨骼非常有益，长期食用还有健脑益智的功效。

营养成分

草莓富含氨基酸、果糖、蔗糖、葡萄糖、柠檬酸、苹果酸、果胶、胡萝卜素、维生素B_1、维生素B_2、烟酸及钙、镁、磷、钾、铁等。

温馨提示

❶ 挑选草莓时，一定要选择没有破损的草莓，且最好在10℃以下的阴凉处保存，才不易腐烂变质。

❷ 由于草莓表皮粗糙，不容易洗净，最好先用盐水浸泡10分钟，再用清水洗净后食用。

搭配宜忌

✔ 草莓 + 红糖 ▶	利咽润肺 美容养颜	
✔ 草莓 + 蜂蜜 ▶	补虚养血	
✔ 草莓 + 牛奶 ▶	利于维生素B_{12}的吸收	
✔ 草莓 + 冰糖 ▶	除烦解渴	
✔ 草莓 + 麻油 ▶	通肠利便 润肺止咳	
✔ 草莓 + 山楂 ▶	消食导滞	
✘ 草莓 + 牛肝 ▶	破坏维生素C 不利于消化	
✘ 草莓 + 樱桃 ▶	易导致上火	

看视频 学做菜

草莓香蕉奶糊

• 原料

草莓80克，香蕉100克，酸奶100毫升

• 做法

1 将洗净的香蕉切去头尾，剥去果皮，果肉切成丁。

2 洗好的草莓去蒂，对半切开。

3 取榨汁机，倒入切好的草莓、香蕉。

4 加入酸奶，盖上盖，启动豆浆机，榨取果汁。

5 断电后揭开盖，将榨好的果汁奶糊装入杯中即可。

专家点评

本品具有开胃消食、舒缓压力、镇静安神、润肠通便等作用，对孩子增高助长也会有很大的帮助。

草莓豆浆

• 原料

水发黄豆60克，草莓50克

• 调料

冰糖适量

• 做法

1 将已浸泡8小时的黄豆倒入碗中。

2 加适量清水，搓洗干净，沥干待用。

3 取豆浆机，放入冰糖、黄豆、草莓。

4 注入适量清水，至水位线，盖上豆浆机机头，启动豆浆机。

5 待豆浆机运转约15分钟，即成豆浆。

6 把煮好的豆浆倒入滤网中，滤取豆浆，再倒入碗中，用汤匙撇去浮沫即可。

看视频 学做菜

专家点评

草莓含有维生素C、胡萝卜素、维生素E、氨基酸、钙、镁、磷、铁等营养成分，具有开胃、健脑、增高等功效。

红枣

[性味] 性平、温, 味甘

[归经] 归脾、胃经

❖ 其他营养功效

红枣具有补中益气、养血安神、保肝护脏的功效。红枣含铁量较为丰富, 用其搭配其他动物类食材给孩子食用, 有助于预防孩子缺铁性贫血, 促进孩子健康生长。红枣中含有大量的烟酸, 烟酸能够防止维生素C被氧化破坏、增强其效果, 还能降低血管脆性, 可预防紫癜、视网膜出血等症。

❖ 增高功效

红枣中含有丰富的维生素C, 是孩子益智、长高必不可少的物质; 红枣中还富含钙和磷, 利于消化吸收, 是孩子骨骼生长发育的必备原料。

营养成分

红枣中含有蛋白质、糖类、脂肪、膳食纤维、维生素C、维生素E、维生素A、烟酸、钙、磷、铁、锌等。

温馨提示

❶ 优质红枣呈紫红色, 表皮无破损, 果形饱满, 皱纹少、痕迹浅, 皮薄、肉厚、核小。

❷ 常吃红枣有助于提高孩子的免疫力, 增强体质, 尤其是春夏季节, 流行性感冒、手足口病等传染性疾病的高发期, 可适当给孩子多吃些红枣。

搭配宜忌

✓ 红枣 + 大米 ▶	健脾胃补气血	✓ 红枣 + 甘草 ▶ 补血润燥养心安神
✓ 红枣 + 鸡蛋 ▶	补气养血	✓ 红枣 + 蚕蛹 ▶ 健脾补虚除烦安神
✓ 红枣 + 南瓜 ▶	补中益气收敛肺气	✗ 红枣 + 黄瓜 ▶ 破坏维生素C
✓ 红枣 + 板栗 ▶	健脾益气补肾强筋	✗ 红枣 + 葱 ▶ 导致消化不良

红枣核桃米糊

• 原料

水发大米100克，红枣肉15克，核桃仁25克

• 做法

1 将豆浆机取出，倒入洗净的大米、核桃仁、红枣肉。

2 注入适量清水，至水位线。

3 盖上豆浆机机头，启动豆浆机。

4 待豆浆机运转约30分钟，制成米糊。

5 断电后取下机头，将打好的米糊装入碗中，待稍微放凉后即可食用。

专家点评

红枣含多种维生素、钙和铁，核桃中富含不饱和脂肪酸，两者搭配能为儿童增高、益智提供丰富而全面的营养。

看视频 学做菜

枣泥小米粥

• 原料

小米85克，红枣20克

• 做法

1 蒸锅中注清水烧开，放入红枣，蒸约10分钟，取出，放凉待用。

2 将放凉的红枣去核，剁成细末，倒入杵臼中，捣成泥。

3 汤锅中注入适量清水烧开，倒入洗净的小米，拌匀。

4 盖上盖，煮约20分钟至米粒熟透。

5 揭盖，搅拌几下，放入红枣泥，拌匀。

6 续煮片刻至沸腾，关火后盛出即可。

看视频 学做菜

专家点评

本品不仅能为孩子发育补充丰富的营养素，还能安神助眠，而优质睡眠能促进生长激素的分泌，对增高助长十分有益。

核桃

[性味] 性温，味甘

[归经] 归肾、肺、大肠经

❖ 其他营养功效

核桃含有丰富的维生素E，维生素E作为重要的抗氧化物，能够减少自由基对细胞的损伤，还能营养肌肤，使人白嫩。核桃含有多种人体需要的微量元素，是中成药的重要辅料，有顺气补血、止咳化痰、润肺等功能。当孩子感到疲劳或感冒咳嗽时，可嚼些核桃仁，有缓解之效。

❖ 增高功效

核桃中富含优质蛋白质、不饱和脂肪酸、钙、磷、锌等，是健脑、护脑、长高的食物之一，有助于促进孩子大脑和骨骼的生长发育。

营养成分

核桃含有丰富的蛋白质、脂肪、糖类、维生素E、维生素B$_2$，还含有人体必需的钙、磷、铁、锌等矿物质。

温馨提示

❶ 核桃的食法很多，将核桃加适量盐水煮，喝水吃渣可治肾虚腰痛、遗精、阳痿、健忘、耳鸣、尿频等症。

❷ 腹泻、阴虚火旺、痰湿较重的孩子不宜常吃核桃，否则会加重症状。

搭配宜忌

✓ 核桃 + 红枣 ▶	美容养颜 补血养血	✓ 核桃 + 薏米 ▶ 补肾利水 抗衰老
✓ 核桃 + 百合 ▶	消炎 平咳喘	✓ 核桃 + 芹菜 ▶ 补肝肾 益脾胃
✓ 核桃 + 黑芝麻 ▶	健脑益智	✗ 核桃 + 黄豆 ▶ 引发消化不良
✓ 核桃 + 牛奶 ▶	益肺润燥 促进消化	✗ 核桃 + 茯苓 ▶ 削弱茯苓药效

核桃豆浆

豆汁榨好后若不立即食用，最好封上保鲜膜，以免味道变酸。

推荐食谱

看视频 学做菜

• 原料

水发黄豆120克，核桃仁40克

• 调料

白糖15克

• 做法

1 取榨汁机，倒入洗净的黄豆、适量清水，启动榨汁机。

2 待黄豆榨成细末，倒出搅拌好的材料。

3 用滤网滤取豆汁，装碗待用。

4 取榨汁机，放入核桃仁、豆汁，搅拌一会儿，制成豆浆。

5 砂锅置火上，倒入拌好的生豆浆，煮约1分钟，撇去浮沫。

6 加白糖，拌匀，续煮片刻，盛出即可。

专家点评

核桃中含有多种不饱和脂肪酸，是儿童大脑、神经系统和体格发育必需的营养物质，搭配黄豆榨成豆浆，对烦躁不安、便秘、易疲劳、记忆力下降等症状有改善作用。

花生

[性味] 性平，味甘

[归经] 归脾、肺经

❖ 其他营养功效

花生具有促进发育、凝血止血、增强记忆力的作用。花生中钙含量极高，钙是构成人体骨骼的主要成分，故孩子多食花生，可以促进骨骼的生长发育。另外，花生果实中的锌元素含量普遍高于其他油料作物，锌能让生长中的孩子保持良好的食欲，还能促进维生素A的利用和代谢。

❖ 增高功效

花生中的氨基酸组成比较符合人体需求，能促进生长激素的分泌和神经系统发育；花生中还含有丰富的矿物质，这些营养素能保护大脑，促进长高。

营养成分

花生中含有丰富的蛋白质和人体必需的8种氨基酸，还含有较多的天冬氨酸、谷氨酸、糖类、膳食纤维、钙、铁、锌、磷及多种维生素。

温馨提示

❶ 花生是高蛋白、高脂肪的食物，适合代谢旺盛、活动量大的孩子食用。但患有消化系统疾病，如痢疾、急性肠胃炎等疾病的孩子不宜食用，否则会加重肠胃负担和腹泻症状。

❷ 单纯性肥胖的儿童应该少吃花生。

搭配宜忌

✓ 花生 + 猪蹄 ▶	补血、壮骨	✓ 花生 + 菊花脑 ▶ 疏风散热 解毒退火
✓ 花生 + 大米 ▶	健脾开胃	✓ 花生 + 夜来香 ▶ 滋养保健 美容护肤
✓ 花生 + 红枣 ▶	健脾养胃 养血补血	✗ 花生 + 螃蟹 ▶ 导致肠胃不适
✓ 花生 + 醋 ▶	开胃消食 预防便秘	✗ 花生 + 黄瓜 ▶ 导致腹泻

看视频 学做菜

花生菠菜粥

- 原料

水发大米100克，花生米45克，菠菜35克

- 调料

盐2克

- 做法

1 洗净的菠菜切成段，备用。

2 砂锅中注入适量清水烧热，倒入备好的花生米、大米。

3 盖上盖，烧开后用小火煮约40分钟至食材熟软。

4 揭盖，倒入菠菜，拌匀，煮至软。

5 加入盐，搅匀调味，关火后盛出即可。

专家点评

本品能为孩子补充足够的钙和铁，能促进其骨骼发育，预防缺铁性贫血，尤其适宜营养不良、贫血、易疲劳的孩子食用。

花生鲫鱼汤

- 原料

鲫鱼250克，花生米120克，姜片、葱段各少许

- 调料

盐2克，食用油适量

- 做法

1 用油起锅，放入处理好的鲫鱼，用小火煎至两面断生。

2 注入适量清水，放入备好的姜片、葱段、花生米。

3 盖上盖，烧开后用小火煮约25分钟至熟。

4 揭盖，加入盐，拌匀调味。

5 关火后盛出煮好的汤即可。

看视频 学做菜

专家点评

鲫鱼富含优质蛋白质与不饱和脂肪酸，对于脾胃虚弱、食欲不振、消化不良的孩子有较好的补益作用。

松子

[性味] 性温，味甘

[归经] 归肝、肺、大肠经

❖ 其他营养功效

松子中所含大量的矿物质如铁、钾等，能给机体组织提供丰富的营养成分，起到强壮筋骨、消除疲劳的作用，对孩子生长有极大的益处。松子还有很好的润肤乌发的作用，头发稀疏枯黄的孩子，可多选择松子及其制品食用。松子还能润肠通便而不伤正气，适合津亏便秘的儿童食用。

❖ 增高功效

松子中的钙、磷含量十分丰富，是孩子骨骼发育不可缺少的成分；其含有的锌，对加速孩子长高和增强孩子免疫力起着重要作用。

营养成分

松子（松仁）含有蛋白质、糖类、亚油酸、亚麻酸、膳食纤维、维生素A、维生素E、烟酸、钙、锌、铁、磷等。

温馨提示

❶ 松子以壳色浅褐、光亮者为好；深灰色、萎暗者不宜选购。

❷ 脾胃虚弱、经常便溏腹泻的孩子不宜多吃松子，因为松子中含有的大量油脂有一定的润肠效果，会使腹泻更加严重。

搭配宜忌

✓ 松子 + 核桃 ▶	防治便秘 健脑益智	✓ 松子 + 大米 ▶ 预防肺燥咳嗽、大便秘结
✓ 松子 + 鸡肉 ▶	促进新陈代谢	✓ 松子 + 桂圆 ▶ 养胃滋补
✓ 松子 + 兔肉 ▶	健脑益智	✗ 松子 + 羊肉 ▶ 引起腹泻、胸闷
✓ 松子 + 红枣 ▶	补血养颜 促进消化	✗ 松子 + 蜂蜜 ▶ 引起腹痛腹泻

松子豌豆炒干丁

此菜宜用中火快速翻炒，
口感更佳。

- 原料

香干300克，彩椒20克，松仁
15克，豌豆120克，蒜末少许

- 调料

盐3克，鸡粉2克，料酒4毫升
生抽3毫升，水淀粉、食用油
各适量

专家点评

本品食材多样、色泽艳
丽，能增进孩子食欲，并
为孩子长高补充足够的蛋
白质、维生素和钙。

看视频 学做菜

- 做法

1 香干切小丁块，彩椒切小块。

2 开水锅中加入1克盐、食用油，倒入豌豆，煮约半分钟，放入香干，续煮片刻。

3 加入彩椒，煮至食材断生，捞出待用。

4 热锅注油烧热，倒入松仁，炸约1分钟，捞出。

5 锅底留油，倒入蒜末，爆香，倒入焯好的食材，炒匀。

6 加入2克盐、鸡粉、料酒，炒约1分钟。

7 加入生抽、水淀粉，翻炒均匀；盛出装盘，撒上松仁即可。

Part 3

婴幼儿期，
开启身高增长引擎

婴幼儿期，是宝宝身高增长最快速的时期，同时也是宝宝最脆弱的时期。什么时候开始添加辅食？饮食中需要重点补充哪些营养素？宝宝每天要睡多长时间？可以做哪些运动？……这些都需要家长的细心呵护与严格把关。

身高特点

宝宝从出生到满3周岁为婴幼儿期。婴幼儿期是宝宝的骨骼生长最为活跃的时期，尤其是在宝宝出生的头一年，可以说是宝宝一生中生长最快的一年，一般会长25~30厘米。此后的1岁到3岁之间生长依然较快，可以长10~11厘米。这一时期，宝宝的营养供给对生长很重要，家长要根据宝宝的需要合理予以补充，并保证宝宝有充足的睡眠，为宝宝长高打好坚实的基础。另外，婴幼儿期宝宝的骨骼比较脆弱，容易出现损伤，尤其长骨的折损，对宝宝的生长有一定的影响，家长应引起重视。

{ 身高标准对照表 }

年龄 \ 身高（厘米）	男			女		
	-2SD	中位数	+2SD	-2SD	中位数	+2SD
出生	46.9	50.4	54.0	46.4	49.7	53.2
2个月	54.3	58.7	63.3	53.2	57.4	61.8
4个月	60.1	64.6	69.3	58.8	63.1	67.7
6个月	63.7	68.4	73.3	62.3	66.8	71.5
9个月	67.6	72.6	77.8	66.1	71.0	76.2
12个月	71.2	76.5	82.1	69.7	75.0	80.5
15个月	74.0	79.8	85.8	72.9	78.5	84.3
18个月	76.6	82.7	89.1	75.6	81.5	87.7
21个月	79.1	85.6	92.4	78.1	84.4	91.1
2岁	81.6	88.5	95.8	80.5	87.2	94.3
2.5岁	85.9	93.3	101.0	84.8	92.1	99.8
3岁	89.3	96.8	104.6	88.2	95.6	103.4

长高妙招

家长应该抓住宝宝的这一生长快速期，重视宝宝的喂养，保证宝宝有充足的睡眠，并辅以适当的运动与按摩刺激，让宝宝吃得好、睡得香，长得快。

01 饮食助长高

婴儿期，母乳是宝宝骨骼生长最好的营养品。如果母乳不足，就需要适当添加配方奶粉。对于新生儿来说，每次的喂奶量（包括配方奶粉）一般为50～100毫升，倡导按需哺乳，每次喂食时间以20分钟左右为宜。哺乳期妈妈适当多吃富含蛋白质和钙质的食物，多喝汤，以保证宝宝摄取足够的优质蛋白质和钙质；以配方乳喂养时，可在乳制品中适当添加维生素D制剂，帮助宝宝吸收乳制品中的钙。

宝宝满4个月以后，妈妈应及时给宝宝添加辅食，且食物的种类应随着宝宝的生长发育变得丰富，可根据孩子消化状况逐步添加富含蛋白质、维生素、钙的食物，如瘦肉、胡萝卜、蛋黄、鱼肉等。

1岁以后的宝宝，能吃的食物日益丰富。家长给宝宝准备膳食时要注意荤素搭配、色泽搭配、品种搭配等，以增加宝宝对食物的兴趣；并注意给宝宝添加富含钙质和优质蛋白质的食物，如鱼、虾、鸡肉、鸭肉等，适当补充可以促进钙质吸收的维生素D。

家长要注意，给宝宝吃的食物一定要新鲜，烹饪时要烧熟烧透，量不宜多，否则宝宝吸收不了；食物也不能过咸，以免对宝宝的脏器功能发育不利。吃鱼时刺要剔干净；肉类可以剁成肉泥或肉糜，或与蔬菜同煮，更利于宝宝消化吸收。同时，家长还要注意培养宝宝良好的进食习惯，给宝宝准备专用的吃饭位置和餐具，让宝宝渐渐学会专心吃饭。

{ 4～12个月宝宝每日增高饮食指导 }

	4～6个月	7～9个月	10～12个月
每次哺乳量及次数	母乳或配方奶150～200毫升/次，4～6次/天	母乳或配方奶150～200毫升/次，3～4次/天	母乳或配方奶150～200毫升/次，2～3次/天
长高明星食材	营养米粉、大米、青菜、菠菜、胡萝卜、西蓝花、苹果、草莓、鸡肝	4～6个月食材+小米、黄豆、香菇、白菜、芹菜、山药、猪肝、鸡肉、蛋黄、鳕鱼、牡蛎	7～9个月食材+黑豆、青豆、豆腐、上海青、牛肉、鸡蛋、草鱼、鲫鱼、虾、核桃
每次辅食量及次数	50～100克，1～2次/天	80～120克，2～3次/天	120～180克，3次/天

{ 1～3岁宝宝每日增高饮食指导 }

	13～18个月	19个月～2岁	2～3岁
长高明星食材	大米、黄豆、黑芝麻、娃娃菜、上海青、猪肝、鸡蛋、鱼肉、苹果、香蕉	菠菜、胡萝卜、西蓝花、豆腐、猪骨、鸡肝、鸡蛋、鱼肉、虾	大白菜、生菜、香菇、胡萝卜、南瓜、猪骨、牛肉、牡蛎、虾
早餐	配方奶、米粥、胡萝卜泥	配方奶、鳕鱼粥、鸡蛋	鲜牛奶、肉丝面、鸡蛋
午餐	肉泥软饭、鲜鱼丸子、西红柿蛋花汤	米饭、枣泥肝羹、鲫鱼豆腐汤	南瓜拌饭、炒青菜、小白菜拌牛肉末
晚餐	小米粥、碎蔬菜、猪肝汤	鸡肝面、蔬菜沙拉、清蒸鲈鱼	虾仁馄饨、粉蒸胡萝卜丝、排骨汤
加餐1～2次	配方奶、面包片、苹果	酸奶、苹果、草莓、饼干、面包片	

02 睡眠助长高

　　婴幼儿期的宝宝睡眠时间比较长，尤其是1岁以内的宝宝，但此阶段是孩子身高的一个飞速增长阶段。为保证宝宝有足够的睡眠时间，家长首先要安排好宝宝的进食，每次喂奶都让宝宝吃饱，不要反复喂食，也不要让宝宝边吃边睡，养成规律吃和睡的习惯。另外，晚上喂奶会打扰宝宝的睡眠，应该在出生后4个月开始，最晚不要超过8个月，就要停止夜间哺乳，保证宝宝夜晚的睡眠质量。

　　随着宝宝渐渐长大，家长要慢慢训练宝宝独立睡眠，让宝宝有自己单独的房间和床，这样宝宝的睡眠不会因为家长的干扰而中断，宝宝的睡眠有了保障，生长才不会受到影响。此外，午睡对宝宝的认知能力和学习能力起着重要的影响作用，因此，家长也要保证宝宝充分的午睡时间。宝宝的午睡时间最好在下午2点以前，以一个半小时为宜。

03 运动助长高

教宝宝爬行

宝宝长到8个月左右，家长就可以教宝宝爬行。先把宝宝放在平坦的地上，然后在宝宝的前方放置一些色彩鲜艳的玩具（会发出声音的玩具更好），家长可以拿着玩具逗引宝宝，鼓励宝宝向前爬动。刚开始宝宝可能爬一两下就不爬了，家长要耐心些，从旁扶住宝宝，慢慢地，宝宝的臂力锻炼好了，自然也就爬得快了、远了。

学习蹦跳

宝宝1岁以后就可以学习蹦跳。刚开始时，爸爸妈妈要和宝宝一起练习蹦跳，各牵着宝宝的一只手，同时把宝宝提起来，一会儿再放下，反复多次重复这一动作，宝宝就会有想要自己尝试的愿望。这时家长再向孩子示范，学小白兔的样子，把双手做成耳朵的形状，轻轻地跳，孩子会模仿家长的样子，蹦跳起来。

增高体操

2岁以上的宝宝就可以跟着妈妈一起做增高体操了。以下列举3项比较简单易行的体操项目，妈妈要陪着宝宝一起做。具体内容如下：

伸展腰身：宝宝双腿分开，端正站立，双手交叉上举过头，在这个动作的基础上，向左右两侧反复交替做下弯动作。重复5～10次。

平躺做蹬踏自行车状：宝宝平躺，向空中抬升起双腿，呈90°，然后妈妈抓住孩子的双脚做出像骑自

健康小贴士

最好在早上做体操。通过伸展运动将睡了一夜已经有些僵硬了的身体舒展开，有助于宝宝一天都有愉快的心情。每天坚持有规律地与孩子做适量体操，可以起到规律孩子生活习惯，增进孩子食欲，进而促进其生长发育的作用。每次的体操时间以30分钟为宜，一个动作完成后，稍微休息一下再进行下一个动作。

行车一样的姿势旋转画圈。持续1~2分钟。

伸直双腿向侧面做伸展运动：让宝宝坐在妈妈的前面，母子二人均将两腿打开并伸直，在这个动作的基础上，弯下腰轮番进行够触左脚尖及右脚尖的伸展运动。重复5~10次。

按摩助长高

○ 婴儿抚触

妈妈左侧卧，宝宝面向妈妈右侧卧。妈妈用整个右手掌从宝宝颈背到脊椎底部轻轻抚摸；用转圈的动作轻轻按摩宝宝的上背部，然后沿着背部按摩到脊椎底部；接下来，抚摸宝宝的左臂，从肩到手，换右臂重复动作；抚摸宝宝的左腿，从臀部到左脚，轻轻摇动他的腿，换右腿重复动作。动作轻柔，每个动作持续1分钟。

○ 脚部按摩

宝宝2个月后就可以开始脚部按摩。妈妈用按摩油润滑双手后就可以开始搓揉宝宝的脚背，持续2~3分钟；用食指和拇指捻每个脚趾，轻轻分开脚趾，持续约20秒；双手轮换，用手掌平滑拉动整只脚，持续约20秒；屈伸宝宝的脚踝，用一只手把他的脚向外转，另一只手按摩他的小腿，持续约20秒，换另一只脚。

○ 背部和脊椎的按摩

手上抹大量按摩油。让宝宝趴着，妈妈双手轮换，从宝宝的肩部沿脊椎向下对背部做长而有力的按摩，注意手应放松；手背弯曲，轻柔地上下拍打宝宝的整个背、肩和脊椎。持续约20秒。妈妈双手放在宝宝胸前，轻轻地把他的双肩向后拉，使他的胸和肩尽可能舒展，借着这个动作，用手掌心把宝宝的双臂沿着身体方向向后拉，再轻轻松开。重复3~4次。

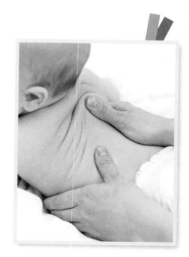

蔬菜米汤

胡萝卜宜熟吃，这样能最大程度地释放其营养素。

推荐食谱

看视频 学做菜

• 原料

土豆100克，胡萝卜60克，水发大米90克

• 做法

1 把去皮洗净的土豆切片，改切成粒；洗好的胡萝卜切片，改切成粒。

2 汤锅中注入适量清水，用大火烧开。

3 倒入水发好的大米。

4 加入切好的土豆、胡萝卜，搅拌匀。

5 盖上盖，用小火煮30分钟至食材熟透。

6 揭盖，把锅中材料盛在滤网中，滤出米汤。

7 将滤好的米汤装入碗中即可。

专家点评

土豆含有丰富的维生素A、维生素C及矿物质，具有和胃调中、益气健脾等功效，可辅助治疗消化不良、便秘等症，婴幼儿食用可促进营养的吸收，有利于身体发育。

焦米汤

• 原料

大米140克

• 做法

1 锅置火上，倒入备好的大米，炒出香味。

2 转小火，炒约4分钟，至米粒呈焦黄色。

3 关火后盛出食材，装在盘中，待用。

4 砂锅中注入适量清水烧热，倒入炒好的大米，搅拌匀。

5 盖上盖子，烧开后用小火煮约35分钟，至食材析出营养物质。

6 揭盖，搅拌几下，关火后盛出煮好的米汤，滤在小碗中，稍微冷却后饮用即可。

专家点评

大米的营养全面而均衡，其含有的蛋白质和B族维生素都可以促进婴幼儿大脑和骨骼的发育。

鸡肝糊

• 原料

鸡肝150克，鸡汤85毫升

• 调料

盐少许

• 做法

1 将洗净的鸡肝装入盘中，待用。

2 蒸锅中注清水烧开，放入鸡肝。

3 盖上盖，用中火蒸15分钟至鸡肝熟透。

4 揭开盖，把蒸熟的鸡肝取出，放凉待用。

5 用刀将鸡肝压烂，剁成泥状。

6 把鸡汤倒入汤锅中，煮沸，调成中火，倒入备好的鸡肝，用勺子拌煮1分钟成泥状。

7 加入盐，拌至其入味即可。

专家点评

鸡肝中富含维生素A和铁，具有维持正常生长的作用，还能保护视力，防止眼睛干涩、疲劳，可在宝宝的辅食中适量添加。

奶香土豆泥

• 原料

土豆250克，配方奶粉15克

• 做法

1　将适量开水倒入配方奶粉中，搅拌均匀；洗净去皮的土豆切成片，待用。

2　蒸锅中注清水烧开，放入土豆，盖上锅盖，用大火蒸30分钟至其熟软。

3　关火后揭开锅盖，将土豆取出，放凉待用。

4　用刀背将土豆压成泥，放入碗中。

5　将调好的配方奶倒入土豆泥中，搅拌均匀。

6　将做好的土豆泥倒入碗中即可。

专家点评

宝宝适量食用本品，可促进多种营养元素的吸收，具有健脾和胃、增高助长等作用。

看视频 学做菜

三文鱼泥

• 原料

三文鱼肉120克

• 调料

盐少许

• 做法

1　蒸锅中注清水烧开，放入处理好的三文鱼肉。

2　盖上锅盖，用中火蒸约15分钟至熟。

3　揭开锅盖，取出三文鱼，放凉待用。

4　取一个大碗，放入三文鱼肉，压成泥状。

5　加入少许盐，搅拌均匀至其入味；另取一个干净的小碗，盛入拌好的三文鱼即可。

专家点评

三文鱼中含有维生素D，能促进机体对钙的吸收利用，有助于婴幼儿生长发育。

看视频 学做菜

蛋黄豆腐碎米粥

- 原料

鸡蛋1个，豆腐95克，大米65克

- 调料

盐少许

- 做法

1. 汤锅中注清水，放入鸡蛋，煮至熟，取出。
2. 洗好的豆腐切厚片，切成条，改切成丁；将熟鸡蛋去壳，取出蛋黄，压烂，备用。
3. 取榨汁机，选干磨刀座组合，放入大米；将大米磨成米碎后倒入碗中，待用。
4. 汤锅中注清水，倒入米碎，拌煮一会儿，改用中火，用勺子持续搅拌2分钟，煮成米糊。
5. 加入盐，倒入豆腐，拌煮1分钟，关火，把煮好的米糊倒入碗中，放入蛋黄即可。

专家点评

豆腐营养丰富，易于消化，具有保护肝脏，促进机体代谢，增高助长的作用。

鳕鱼粥

- 原料

鳕鱼肉120克，水发大米150克

- 调料

盐少许

- 做法

1. 蒸锅中注清水烧开，放入处理好的鳕鱼肉，用中火蒸约10分钟，取出蒸好的鳕鱼。
2. 将放凉后的鳕鱼压成泥状，备用。
3. 砂锅中注清水烧开，倒入大米，拌匀。
4. 盖上锅盖，烧开后用小火煮约30分钟。
5. 揭开盖，倒入鳕鱼肉，搅拌匀。
6. 加入适量盐，拌匀调味，略煮片刻，盛出即可。

专家点评

鳕鱼含有不饱和脂肪酸、维生素A、维生素D、维生素E以及多种氨基酸，且极易消化吸收，适宜长高期的孩子食用。

肉末碎面条

宝宝 6 个月以后就可以适当吃些碎面条，且最好搭配碎蔬菜一起食用。

看视频 学做菜

• 原料

肉末50克，水发面条120克，上海青、胡萝卜各适量，葱花少许

• 调料

盐2克，食用油适量

• 做法

1 将去皮洗净的胡萝卜切成粒，洗好的上海青切粒，面条切成小段。

2 用油起锅，倒入肉末，炒至变色，放入胡萝卜粒、上海青粒，翻炒几下。

3 注入适量清水，炒匀，加入盐，拌匀调味。

4 用大火煮片刻，待汤汁沸腾后放入切好的面条。

5 转中火煮一会儿至全部食材熟透；关火后盛出煮好的面条，装在碗中，撒上葱花即可。

专家点评

瘦肉含有丰富的优质蛋白质，能补充人体所需的营养。婴幼儿适量食用瘦肉，有助于均衡营养，促进骨骼的生长发育。

看视频 学做菜

排骨汤面

用小火煮制面条时要不时搅拌，以免面条粘锅。

• 原料

排骨130克，面条60克，小白菜、香菜各少许

• 调料

料酒4毫升，白醋3毫升，盐、鸡粉、食用油各适量

• 做法

1 将洗净的香菜切碎，洗好的小白菜切成段，将面条折成段。

2 锅中注清水，倒入排骨，加入料酒，盖上盖，用大火烧开；揭盖，加入白醋。

3 盖上盖，用小火煮30分钟；揭盖，将煮好的排骨捞出。

4 把面条倒入汤中，搅拌匀，盖上盖，用小火煮5分钟至面条熟透；揭盖，加入少许盐、鸡粉，拌匀调味。

5 倒入小白菜，加入少许熟油，搅拌均匀，煮沸。

6 将煮好的面条盛入碗中，再放入香菜即可。

专家点评

排骨中含有蛋白质、脂肪、维生素、磷酸钙、骨胶原、骨黏蛋白等营养成分，具有强筋健骨的功效。

虾仁馄饨

馄饨皮煮至透明即可关火。

• 原料

馄饨皮70克，虾皮15克，紫菜5克，虾仁60克，猪肉45克

• 调料

盐2克，生粉4克，鸡粉、胡椒粉各3克，芝麻油、食用油各适量

专家点评

虾皮中钙和蛋白质的含量很高，且味道鲜美，处于生长发育期的幼儿食用，不仅能增进其食欲，还能促进骨骼的生长发育。

看视频 学做菜

• 做法

1 洗净的虾仁拍碎，剁成虾泥；洗好的猪肉切片，剁成肉末。

2 把虾泥、肉末装入碗中，加入1克鸡粉、1克盐，撒上胡椒粉，搅拌均匀。

3 倒入生粉，拌至起劲，淋入芝麻油，拌匀，腌渍约10分钟。

4 取馄饨皮，放入馅料，卷成条形，再收紧口，制成馄饨生坯。

5 锅中注清水烧开，撒上紫菜、虾皮，加1克盐、2克鸡粉、食用油，拌匀，略煮。

6 放入馄饨生坯，拌匀，用大火煮约3分钟，至其熟透。

7 关火后盛出煮好的馄饨即可。

核桃大米豆浆

由于本品中食材较多，所以可以稍微多加些清水搅拌。

• 原料

水发黄豆、水发大米各30克，核桃仁10克

• 调料

冰糖10克

看视频 学做菜

专家点评

黄豆中蛋白质的含量不仅高，而且质优，其中的氨基酸组成比较接近人体需要的比值，所以容易被消化吸收，婴幼儿适量食用黄豆及其制品有助于补充蛋白质。

• 做法

1 将已浸泡4小时的大米、已浸泡8小时的黄豆倒入碗中。

2 加入清水搓洗干净，倒入滤网中，沥干水分。

3 把洗好的黄豆、大米、核桃仁倒入豆浆机中，加入冰糖。

4 注清水至水位线，盖上豆浆机机头，选择"五谷"程序，再选择"开始"键，开始打浆。

5 待豆浆机运转约15分钟，即成豆浆。

6 断电后取下机头，倒入滤网中，滤取豆浆。

7 把滤好的豆浆倒入杯中，用汤匙撇去浮沫即可。

豌豆小米豆浆

小米吸水性较强，因此打浆时可多加些水。

看视频 学做菜

• 原料

小米40克，豌豆50克

• 做法

1 将豌豆倒入碗中，放入小米，加入清水，搓洗干净。

2 将洗好的材料倒入滤网中，沥干水分。

3 把洗好的材料倒入豆浆机中，注清水至水位线。

4 盖上豆浆机机头，选择"五谷"程序，再选择"开始"键，开始打浆。

5 待豆浆机运转约15分钟，即成豆浆。

6 将豆浆机断电，取下机头滤取豆浆。

7 将滤好的豆浆倒入碗中，撇去浮沫即可。

专家点评

豌豆中富含粗纤维，能促进大肠蠕动，保持肠胃健康。婴幼儿食用豌豆能促进其他营养物质的吸收；有便秘症状的婴幼儿适量食用，还可以起到清洁大肠的作用。

看视频 学做菜

粉蒸胡萝卜丝

蒸肉米粉倒入后一定要充分拌匀，这样口感才好。

● 原料

胡萝卜300克，蒸肉米粉80克，黑芝麻10克，蒜末、葱花各少许

● 调料

盐2克，芝麻油5毫升

● 做法

1　洗净去皮的胡萝卜切片，再切丝。

2　取一个碗，倒入胡萝卜丝，加入盐。

3　倒入蒸肉米粉，搅拌片刻，装入蒸盘中。

4　蒸锅中注清水烧开，放入蒸盘，盖上锅盖，大火蒸5分钟至入味；揭盖，取出蒸好的胡萝卜。

5　将胡萝卜倒入碗中，加入蒜末、葱花。

6　撒上黑芝麻，再淋入芝麻油，搅匀后装入盘中即可。

专家点评

胡萝卜中的胡萝卜素进入人体后，能在一系列酶的作用下，转化为丰富的维生素A，被机体吸收利用，可预防婴幼儿缺乏维生素A，促进机体的正常生长。

苹果蔬菜沙拉

牛奶不宜加太多，否则会影响沙拉的口感。

• 原料

苹果100克，西红柿150克，黄瓜90克，生菜50克，牛奶30毫升

• 调料

沙拉酱10克

专家点评

苹果有"智慧果"的美称。婴幼儿多吃苹果有增进记忆、提高智力的效果。此外，苹果含有丰富的锌元素，可防治小儿厌食症，保证其营养的均衡，有利于自然长高。

看视频 学做菜

• 做法

1　洗净的西红柿切成片，洗好的黄瓜切片。

2　洗净的苹果切开，去核，再切成片，备用。

3　取一个大碗，放入切好的西红柿片、黄瓜片、苹果片，倒入备好的牛奶。

4　加入沙拉酱，搅拌片刻，使食材入味。

5　取一个干净的盘子，把洗好的生菜叶垫在盘底。

6　再把拌好的果蔬沙拉盛入盘中即可。

黄瓜炒土豆丝

黄瓜易熟，切丝时最好切得粗一些，这样口感才好。

• 原料

土豆120克，黄瓜110克，葱末、蒜末各少许

• 调料

盐3克，鸡粉、水淀粉、食用油各适量

看视频 学做菜

专家点评

土豆富含蛋白质、糖类、脂肪、胡萝卜素、维生素B₁等成分，有滋润皮肤、强身健体的作用。此外，土豆还含有较多的膳食纤维，幼儿食用后有促进消化的作用。

• 做法

1 把洗好的黄瓜切片，再切成丝。

2 去皮洗净的土豆切成细丝。

3 锅中注清水烧开，放入1克盐，倒入土豆丝，焯片刻。

4 捞出焯好的土豆丝，沥干水分，放在盘中，待用。

5 用油起锅，放入蒜末、葱末，用大火爆香，倒入黄瓜丝，翻炒几下，至析出汁水。

6 放入焯过的土豆丝，快速翻炒至全部食材熟透。

7 加入2克盐、鸡粉，翻炒至食材入味，淋入少许水淀粉勾芡；关火后盛出装碗即可。

鲜汤蒸萝卜片

鸡汤本身极富鲜味，因此制作时可以少放或不放鸡粉。

看视频 学做菜

• 原料

去皮白萝卜95克，
鸡汤35毫升，红椒
粒20克，葱花少许

• 调料

盐、鸡粉各2克

• 做法

1 洗好的白萝卜切圆片。

2 取一空盘，摆放好白萝卜片，撒上红椒粒。

3 往放有鸡汤的碗中加入盐、鸡粉，搅拌均匀，将鸡汤浇在白
萝卜片上，待用。

4 取出电蒸笼，注入适量清水，放上白萝卜片，加盖，蒸煮12
分钟至熟。

5 揭盖，取出白萝卜片，撒上葱花即可。

专家点评

鸡汤中含有丰富的鸡骨溶出物，如胶质、钙和磷等，婴幼儿
食用，可为骨骼补充营养，有增强免疫力、防治感冒、增高
助长等功效。

小白菜拌牛肉末

• 原料

牛肉100克，小白菜160克，高汤100毫升

• 调料

盐少许，白糖3克，番茄酱15克，料酒、水淀粉、食用油各适量

• 做法

1　将洗好的小白菜切段；洗净的牛肉切碎，剁成肉末。

2　锅中注清水烧开，加食用油、盐，放入小白菜，焯1分钟，捞出，装盘待用。

3　用油起锅，倒入牛肉末，淋入料酒，炒香。

4　加入高汤、番茄酱、盐、白糖，拌匀，倒入水淀粉，快速拌匀。

5　将牛肉末盛入装有小白菜的盘中即可。

专家点评

常食小白菜能促进婴幼儿骨骼的发育，加速机体的新陈代谢，增强造血功能。

枣泥肝羹

• 原料

西红柿55克，红枣25克，猪肝120克

• 调料

盐2克，食用油适量

• 做法

1　开水锅中放入西红柿，焯烫一会儿，捞出，放凉，剥去表皮，切成小块。

2　红枣去核，剁碎；猪肝切小块。

3　取榨汁机，选择绞肉刀座组合，倒入猪肝，将猪肝搅成泥。

4　断电后将猪肝泥装入碗中，倒入西红柿、红枣，加盐、食用油，腌渍10分钟。

5　将腌好的食材放入蒸锅中，蒸至熟即可。

专家点评

猪肝中富含蛋白质、卵磷脂和微量元素，有利于婴幼儿的智力发育和身体发育，幼儿适量食用还有助于预防缺铁性贫血。

三鲜鸡腐

可先将豆腐放入水中焯片刻，以去除其酸味。

- 原料

鸡胸肉150克，豆腐80克，鸡蛋1个，姜末、葱花各少许

- 调料

盐2克，鸡粉1克，水淀粉、食用油各适量

专家点评

豆腐含有丰富的蛋白质，还含有脂肪、糖类以及多种维生素和矿物质等成分。其所含的卵磷脂和钙有益于神经、大脑及骨骼的生长发育，很适合幼儿食用。

看视频 学做菜

- 做法

1　鸡蛋打开，取蛋清装入碗中；将洗好的豆腐压烂，洗净的鸡胸肉切丁。

2　取榨汁机，选绞肉刀座组合，倒入豆腐、鸡肉丁、蛋清。

3　盖上盖，选择"绞肉"功能，搅成鸡肉豆腐泥，倒入碗中，加姜末、葱花拌匀。

4　取数个小汤匙，每个汤匙都蘸上食用油，放入鸡肉豆腐泥，装入盘中。

5　蒸锅中注清水烧开，放入食材，蒸5分钟后取出；从汤匙中取下鸡肉豆腐泥，装盘待用。

6　用油起锅，加入适量清水、盐、鸡粉，煮至沸。

7　用水淀粉勾芡，把调好的芡汁浇在鸡肉豆腐泥上即可。

看视频 学做菜

鲜虾花蛤蒸蛋羹

蛋液中宜加温开水，不要加冷水，以免蒸好的蛋羹出现蜂窝。

• 原料

花蛤肉65克，虾仁
40克，鸡蛋2个，
葱花少许

• 调料

盐、鸡粉各2克，
料酒4毫升

• 做法

1 将虾仁去除虾线，切成小段，装入碗中，放入花蛤肉。

2 加入料酒、1克盐、1克鸡粉，拌匀，腌渍10分钟。

3 鸡蛋打入蒸碗中，加1克鸡粉、1克盐，调匀。

4 倒入温开水，快速搅拌匀，放入腌好的虾仁、花蛤肉，拌匀，备用。

5 蒸锅中注清水烧开，放入蒸碗，盖上盖，用中火蒸约10分钟。

6 揭盖，取出蒸碗，撒上葱花即可。

专家点评

花蛤肉含有蛋白质、钙、镁、铁、锌等营养成分，具有滋阴明目、软坚化痰、补钙、补锌等功效。婴幼儿食用，还有防治厌食症、增高助长的作用。

双菇粉丝肉片汤

草菇一般适于做汤或素炒，味道更为鲜美。

• 原料

水发粉丝250克，水发香菇50克，草菇60克，瘦肉70克，姜片、葱花各少许

• 调料

盐、鸡粉各2克，料酒4毫升

看视频 学做菜

• 做法

1 洗净的草菇切成小块，备用。

2 洗好的香菇去蒂，对半切开；洗净的瘦肉切成片，备用。

3 锅中注入适量清水烧热，倒入肉片、草菇、香菇，撒上备好的姜片，淋入料酒，搅拌均匀。

4 盖上锅盖，烧开后用小火煮约10分钟至食材熟透；揭开锅盖，倒入粉丝。

5 加入盐、鸡粉，搅拌片刻，用大火煮至粉丝熟透。

6 关火后盛出煮好的汤，装入碗中，撒上葱花即可。

红枣山药炖猪脚

山药切好后若不立即使用，可将其泡在水里，以免变黑。

• 原料

猪蹄230克，红枣30克，去皮山药80克，姜片少许

• 调料

盐、鸡粉各1克，胡椒粉2克，冰糖15克，料酒5毫升

看视频 学做菜

专家点评

猪蹄是滋补佳品，它含有脂肪、钙、磷等营养成分；红枣和山药都是富含维生素、矿物质的上好食材，一起炖煮，给哺乳期的妈妈食用，可为宝宝提供生长所需的营养。

• 做法

1 洗好的山药切滚刀块，待用。

2 沸水锅中倒入猪蹄，淋入料酒，氽一会儿，捞出，沥干水分，待用。

3 砂锅中注入适量清水，倒入氽好的猪蹄，放入冰糖。

4 盖上盖，用大火煮开。

5 揭盖，倒入洗净的红枣、姜片，搅拌均匀，炖30分钟。

6 倒入山药，搅匀，再炖60分钟至食材熟软。

7 加入盐、鸡粉、胡椒粉，拌匀调味，关火后盛出即可。

胡萝卜牛肉汤

汆牛肉时要把浮沫撇去，以免它们附着在牛肉上，影响口感。

看视频 学做菜

• 原料

牛肉125克，胡萝卜100克，姜片、葱段各少许

• 调料

盐、鸡粉各1克，胡椒粉2克

• 做法

1　洗净的胡萝卜切滚刀块，洗好的牛肉切块。

2　锅中注入适量清水烧热，倒入牛肉，汆去血水及杂质，捞出，沥干待用。

3　锅置于火上，注清水烧开，倒入汆好的牛肉，放入姜片、葱段，搅匀。

4　加盖，煮1小时至熟软；揭盖，倒入切好的胡萝卜，搅匀，续煮30分钟。

5　加盐、鸡粉、胡椒粉调味，盛出煮好的汤，装碗即可。

专家点评

牛肉具有补中益气、强健筋骨、补铁补血等功效，搭配富含维生素A的胡萝卜煮汤，适合婴幼儿食用。

西红柿紫菜蛋花汤

煮蛋花宜用小火，这样煮出来的蛋花才美观。

• 原料

西红柿100克，鸡蛋1个，水发紫菜50克，葱花少许

• 调料

盐、鸡粉各2克，胡椒粉、食用油各适量

专家点评

鸡蛋的营养成分丰富而齐全，幼儿每天食用一个鸡蛋，既有利于消化吸收，又能满足机体的需要，对孩子的神经系统和身体发育有利。

看视频 学做菜

• 做法

1　洗好的西红柿切小块；鸡蛋打入碗中，用筷子打散、搅匀。

2　用油起锅，倒入西红柿，翻炒片刻。

3　加入适量清水，煮至沸腾。

4　盖上盖，用中火煮1分钟；揭开盖，放入备好的紫菜，搅拌均匀。

5　加入鸡粉、盐、胡椒粉，搅匀调味。

6　倒入蛋液，搅散，继续搅动至浮起蛋花。

7　盛出煮好的蛋汤，装入碗中，撒上葱花即可。

苹果奶昔

• 原料

苹果1个，酸奶200毫升

• 做法

1 将洗净的苹果对半切开，去皮。

2 把苹果切成瓣，去核，再切成小块。

3 取榨汁机，选择搅拌刀座组合，放入切好的苹果和备好的酸奶。

4 盖上盖子，选择"搅拌"功能，将杯中的食材榨成汁。

5 把榨好的苹果酸奶汁倒入玻璃杯中即可。

专家点评

酸奶中含有钙、铁、磷等多种矿物质和益菌因子，除了能为婴幼儿提供丰富的营养外，还有助于消化，防止便秘。

看视频 学做菜

芹菜西蓝花蔬菜汁

• 原料

芹菜70克，西蓝花90克，莴笋80克，牛奶100毫升

• 做法

1 洗净去皮的莴笋切成丁，洗好的芹菜切段，洗净的西蓝花切小块。

2 锅中注清水烧开，倒入莴笋、西蓝花，煮至沸，再倒入芹菜段，煮至断生，捞出待用。

3 取榨汁机，选择搅拌刀座组合，倒入焯过水的食材，加入适量矿泉水。

4 盖上盖，选择"榨汁"功能，榨取蔬菜汁。

5 揭开盖子，倒入牛奶，再榨一会儿。

6 将搅拌匀的蔬菜汁倒入杯中即可。

专家点评

此蔬菜汁富含多种维生素和矿物质，给婴幼儿适量食用，有健脑、增高、助眠的作用。

看视频 学做菜

Part 4

学前期，
益智长高两不误

　　长高并非朝夕，当孩子渐渐长大，身高的增长也步入平稳期。在孩子骨骼的休整巩固期，家长应该保持合理的营养供给，让孩子进行适当锻炼，培养孩子良好的饮食与生活习惯，减少疾病的发生，以保证孩子平稳长高。

身高特点

3～6岁为学前期。学前期孩子的生长发育速度相较婴幼儿期有所放缓，但仍然处于稳步长高期。而且，学前期也是骨骼的休整时期，既为孩子积聚"骨"本，也为孩子巩固"骨"基。因此，家长依然要保持合理的营养供给，改变孩子的不良饮食与生活习惯，并让孩子进行适当的体育锻炼，减少骨组织的损伤和疾病的发生，为孩子接下来的骨骼生长做好身体方面的准备。

{ 身高标准对照表 }

标准 身高（厘米） 年龄	男			女		
	−2SD	中位数	+2SD	−2SD	中位数	+2SD
3.5岁	93.0	100.6	108.6	91.9	99.4	107.2
4岁	96.3	104.1	112.3	95.4	103.1	111.1
4.5岁	99.5	107.7	116.2	98.7	106.7	115.2
5岁	102.8	111.3	120.1	101.8	110.2	118.9
5.5岁	105.9	114.7	123.8	104.9	113.5	122.6
6岁	108.6	117.7	127.2	107.6	116.6	126.0

3～6岁的孩子身体发育开始变得缓慢起来，身高平均每年增长5～8厘米，体重平均每年增加2千克左右。孩子在这一时期，下肢骨骼的生长要明显快于躯干的生长。骨骼的弹性较好而坚固性较差，也较脆弱，在外力的作用下容易脱位，虽然不易完全折断，但发生弯曲和变形的概率较高。

这一阶段的孩子由于受饮食营养的影响比较大，所以如果饮食喂养正常，一般孩子的身高增长也正常。若孩子的身高增长低于每年5厘米，应及时就诊。

长高妙招

在骨骼缓慢增长的阶段，家长不能松懈对孩子的照料，合理安排孩子的饮食、睡眠、运动，根据孩子的身体特性调整其生活节奏，有助于孩子的大脑、身高共同发展。

01 饮食助长高

3岁以后的孩子，牙齿渐渐长好，咀嚼消化能力增强，可以选用的促进骨骼增长的食物范围也会更广一些。同时，很多食物不再需要过于精细的加工就可以食用，因食材加工过程中营养成分的流失也大为减少。家长要做的就是为孩子准备营养全面而均衡的膳食，并提醒孩子按时吃饭。

具体而言，3～6岁的孩子应该以补充富含糖类、蛋白质、维生素和钙质的食物为主，并注意脂肪的摄入量，避免幼儿肥胖症对骨骼生长产生的不利影响。可选择的食物很多，比如牛奶、猪肉、鸭肉、鲢鱼、草鱼、牡蛎、虾、四季豆、豌豆、玉米、核桃、苋菜、菠菜、胡萝卜、西红柿等。只要通过合理搭配与烹饪，这些食物就会辅助孩子长高，而且还可以使孩子更加聪明。另外，这个年龄段的孩子容易出现偏食、厌食的现象，家长准备膳食时应尽量丰富孩子饮食的品种和花样，以保证孩子摄入全面、均衡的营养。

{ 3～6岁孩子每日增高饮食指导 }

	营养菜单	长高明星食材
早餐	鲜牛奶、南瓜花生蒸饼、水煮鸡蛋	大米、黄豆、豆腐、牛奶、鸡蛋、小白菜、西红柿、香菇、胡萝卜、猪骨、鸡肉、牛肉、鳕鱼、虾、牡蛎、黑芝麻
午餐	红薯饭、素炒杂菌、豉香葱丝鳕鱼、牡蛎粉丝汤	
晚餐	猪肝面、芝麻拌苋菜、山药排骨煲	
加餐1～2次	酸奶、面包、饼干、草莓、西红柿、芹菜汁	

02 睡眠助长高

学前期的儿童，大都可以做到整夜睡眠了，从这时起，家长就应该为孩子制定作息时间表，到了入睡时间，应该提前告知孩子。家长还可以辅助孩子做些睡觉的准备工作，如让孩子自己刷牙、洗脸、换睡衣等。这个过程看似简单，却是在对孩子进行"暗示"，让他知道"该睡觉了"，渐渐地孩子就会养成规律睡眠和作息的习惯。每天最好在八点半到九点半之间上床睡觉，以保证10小时左右的夜间优质睡眠。

有些年龄稍小的孩子，可能会出现晚上怕黑、做噩梦或易惊醒的情况，因而不好好睡觉。这时家长要注意睡前不要吓唬孩子，孩子怕黑，可以拉着他的小手进行安慰，或者给他讲一会儿故事，唱支催眠曲等。

03 运动助长高

○ 攀爬

家长或老师可以从旁引导孩子在攀爬架上爬上爬下，等孩子熟练后还可以玩幼儿攀岩墙；也可以利用滑梯进行爬高运动，沿着台阶登上，顺着滑坡滑下，再沿着滑坡往上爬、往下滑。只要做好保护工作，学前儿童经常做些攀爬运动可以锻炼关节、伸展肌腱、促进骨骼的发育。

○ 跳绳

跳绳是学前儿童能够胜任并感兴趣的运动项目之一。不论是男孩子还是女孩子，家长都应该给他们准备或带他们一起选购一根漂亮的跳绳，让孩子们尽情地跳，快乐地玩。家长可以采取多种方法鼓励孩子跳绳，比如记录每分钟跳绳的次数、跳绳的总次数或增加跳绳的花样等，也可以每天安排少许时间，陪孩子一起跳，既享受了亲子运动的乐趣，又不知不觉锻炼了孩子的骨骼。

○ **滚轮胎**

　　家长可为孩子准备好合适的轮胎，从旁引导孩子双手在胸前扶着轮胎，慢慢往前推，并注意控制手的力度和前进的方向、速度，向前滚动至预定好的终点后，再绕回来重新滚动。或者让孩子和同伴们一起玩滚轮胎比赛的游戏，既让孩子锻炼了身体，也可以让孩子初步学会合作。现在很多幼儿园都安排有滚轮胎的幼儿游戏，因此这项运动在学校也可以进行。

○ **游泳**

　　家长可以带孩子一起游泳，也可以请专门的老师教孩子游泳。正式学习游泳前，可以先带孩子到50～80厘米深的孩子专区熟悉水性，也可以给孩子找室内的游泳场，娱乐设施也较多。游泳一定要在有安全保证的条件下进行，以免发生溺水事件。

04 按摩助长高

　　选穴：胃经、脾经、板门、夹脊。

　　定位：胃经在拇指掌面第二节或大鱼际外侧缘；脾经在拇指螺纹面或拇指桡侧缘；板门位于手掌大鱼际部；夹脊位于脊柱旁开0.5寸处。

　　方法：补胃经，一手握住孩子的手，另一手的大拇指指腹从孩子拇指指根沿大鱼肌外侧缘旋推50次；补脾经，以拇指自孩子拇指指尖推向指根方向，即沿拇指桡侧赤白肉际直推50次；揉板门，用拇指指端点揉手掌大鱼际平面50次；捏夹脊，用拇指、食指和中指沿着脊柱的两旁，用捏法把皮捏起来，边提捏，边向前推进，由尾骶部捏到枕项部，重复3~5遍。除捏夹脊外，其他手法可于每日饭后半小时进行，捏夹脊每日一次。

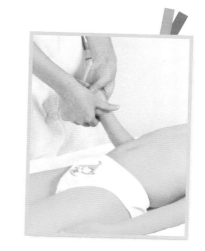

　　功效：有助于增进食欲，促进消化与吸收。

花生牛肉粥

大米可用温水泡发，这样能
缩短泡发的时间。

• 原料

水发大米120克，牛肉50克，花
生米40克，姜片、葱花各少许

• 调料

盐、鸡粉各2克，料酒少许

看视频 学做菜

专家点评

牛肉属于高蛋白质、低脂肪的
食物，且味道鲜美，学前儿童
常食，可补充其骨骼发育中所
需的蛋白质、钙等营养成分。

• 做法

1　洗好的牛肉切成丁，用刀剁几下。

2　锅中注清水烧开，倒入牛肉，淋入料酒，汆去血水，捞出，沥干水分，待用。

3　砂锅中注入清水烧开，放入汆好的牛肉、备好的姜片和花生米。

4　倒入大米，搅拌均匀。

5　盖上锅盖，烧开后用小火煮约30分钟至食材熟软。

6　揭开锅盖，加入盐、鸡粉，搅匀调味。

7　撒上备好的葱花，搅匀，煮出葱香味，关火后盛出即可。

牛奶鸡蛋小米粥

• 原料

水发小米180克，鸡蛋1个，牛奶160毫升

• 调料

白糖适量

• 做法

1 鸡蛋打入碗中，调成蛋液。

2 砂锅中注清水烧热，倒入小米，煮约55分钟。

3 倒入备好的牛奶，搅拌匀，大火煮沸。

4 加入少许白糖，拌匀，再倒入备好的蛋液，搅拌均匀。

5 转中火煮一会儿，至液面呈现蛋花即可。

专家点评

鸡蛋和牛奶中均含有丰富的优质蛋白质和钙，对促进儿童生长发育和强健骨骼有益。

鸡肝面条

• 原料

鸡肝、小白菜各50克，面条60克，蛋液少许

• 调料

盐、鸡粉各2克，食用油适量

• 做法

1 将洗净的小白菜切碎，把面条折成段。

2 锅中注清水烧开，放入洗净的鸡肝，煮5分钟至熟，捞出鸡肝，放凉后切片，剁碎。

3 开水锅中加入食用油、盐、鸡粉，倒入面条，搅匀，煮至熟软，放入小白菜、鸡肝。

4 倒入蛋液，煮至沸，关火后盛出即可。

专家点评

儿童适量进食鸡肝，有助于保护视力，增强机体免疫力，促进其健康成长。

看视频 学做菜

看视频 学做菜

南瓜拌饭

煮制时，要充分搅拌均匀，以保证成品口感均匀。

• 原料

南瓜90克，芥菜叶60克，水发大米150克

• 调料

盐少许

• 做法

1　把去皮洗净的南瓜切成粒；洗好的芥菜叶切丝，再切成粒。

2　将大米倒入碗中，加入适量清水；把切好的南瓜放入碗中。

3　将装有大米、南瓜的两个碗放入烧开的蒸锅中。

4　盖上盖，中火蒸20分钟；揭盖，把蒸好的大米和南瓜取出。

5　汤锅中注清水烧开，放入芥菜，煮沸，放入蒸好的米饭和南瓜，搅拌均匀。

6　加入盐调味，盛出拌好的食材，装入碗中即可。

专家点评

南瓜含有丰富的锌，能参与人体内蛋白质的合成，是人体生长发育的重要物质；南瓜还含有钙、钾、磷、镁等成分，能加强胃肠蠕动，有利于儿童的消化吸收。

青豆鸡丁炒饭

最好使用隔夜的剩米饭炒制，口感会更好。

• 原料

米饭180克，鸡蛋1个，青豆25克，彩椒15克，鸡胸肉55克

• 调料

盐2克，食用油适量

专家点评

鸡胸肉含有蛋白质、维生素A、钙、磷、铁、镁、钾、钠等营养成分，具有强身健体、增高助长、益气补血等功效。

看视频 学做菜

• 做法

1　彩椒、鸡胸肉切成小丁块；鸡蛋打散、拌匀，待用。

2　锅中注入适量清水烧开，倒入洗好的青豆，煮至断生。

3　倒入鸡胸肉，拌匀，煮至变色。

4　捞出氽好的食材，沥干水分，待用。

5　用油起锅，倒入蛋液，炒散，放入彩椒、米饭，炒散、炒匀。

6　倒入氽过水的材料，炒至米饭变软。

7　加盐，拌炒片刻，至食材入味；关火后盛出炒好的米饭，装入盘中即可。

鱿鱼蔬菜饼

往食材中加入的清水约150毫升即可。

• 原料

去皮胡萝卜90克，鸡蛋1个，鱿鱼80克，葱花少许

• 调料

盐1克，生粉30克，食用油适量

看视频 学做菜

专家点评

鱿鱼富含蛋白质，可以增强免疫力、促进身体发育，胡萝卜富含保护视力的胡萝卜素，用鱿鱼和胡萝卜搭配鸡蛋，摊成煎饼，营养不减，美味更佳。

• 做法

1 洗净去皮的胡萝卜切碎；洗净的鱿鱼切丁；鸡蛋打散装入碗中，搅匀。

2 取一个干净的碗，倒入生粉、胡萝卜碎、鱿鱼丁，加入鸡蛋。

3 倒入葱花，倒入适量清水，拌匀。

4 加入盐，搅拌成面糊，待用。

5 用油起锅，倒入拌好的面糊，煎约3分钟至底部微黄。

6 翻面，续煎2分钟至两面焦黄。

7 关火后将煎好的鱿鱼蔬菜饼盛出放凉，再切小块，装盘即可。

核桃花生豆浆

• 原料

核桃仁25克，花生米35克，大米40克，水发黄豆50克

• 做法

1　碗中倒入黄豆、大米，加适量清水，搓洗干净，沥干待用。

2　取豆浆机，倒入洗好的食材、花生米、核桃仁，注入适量清水，至水位线。

3　盖上豆浆机机头，启动豆浆机。

4　待豆浆机运转约20分钟，即成豆浆。

5　断电，取下机头，滤取豆浆。

6　将滤好的豆浆倒入杯中，撇去浮沫即可。

专家点评

花生中含有丰富的赖氨酸和锌，是儿童长高不可缺少的物质。

红枣花生莲子豆浆

• 原料

莲子20克，红枣15克，花生米30克，水发黄豆45克

• 做法

1　洗好的红枣切开，去核，再切成小块。

2　取豆浆机，放入莲子、花生米、红枣。

3　倒入黄豆，注清水至水位线，盖上豆浆机机头，启动豆浆机，开始打浆。

4　待豆浆机运转约20分钟，即成豆浆。

5　将豆浆机断电，取下机头。

6　把煮好的豆浆倒入滤网中，滤取豆浆；将滤好的豆浆倒入碗中，撇去浮沫即可。

专家点评

本品能帮助孩子健脾养胃、舒缓压力、缓解疲劳，是孩子生长发育的必备饮品。

看视频 学做菜

开心果西红柿炒黄瓜

开心果仁可先油炸后再使用，这样菜肴的味道更香脆。

• 原料

开心果仁55克，黄瓜90克，西红柿70克

• 调料

盐2克，橄榄油适量

• 做法

1　黄瓜切开，去瓤，用斜刀切段；西红柿切开，再切小瓣。

2　煎锅置火上，淋入橄榄油，大火烧热。

3　倒入黄瓜段，炒匀炒透，放入西红柿，翻炒一会儿，至食材变软。

4　加入盐，炒匀调味，再撒上开心果仁，用中火翻炒一会儿，至食材入味。

5　关火后盛出炒好的菜肴，装入盘中即可。

专家点评

开心果中含有丰富的不饱和脂肪酸、蛋白质、钙等营养成分，学前期的孩子适量食用有助于其生长发育，辅助治疗贫血、营养不良等症。

菠菜炒香菇

香菇可先焯一会儿，这样能节省烹饪时间。

• 原料

菠菜150克，鲜香菇45克，姜末、蒜末、葱花各少许

• 调料

盐、鸡粉各2克，料酒4毫升，橄榄油适量

专家点评

香菇味道较浓，香气宜人，营养丰富，素有"真菌皇后"之誉。儿童经常食用有助于补充生长所需的蛋白质、钙、铁等多种营养元素。

看视频 学做菜

• 做法

1 洗好的香菇去蒂，切成粗丝，备用。

2 洗净的菠菜切去根部，再切成长段，待用。

3 锅置于火上，淋入少许橄榄油烧热，倒入备好的蒜末、姜末，爆香。

4 放入切好的香菇丝，炒匀炒香，淋入料酒，炒匀。

5 倒入菠菜段，用大火炒至变软。

6 加入盐、鸡粉，炒匀调味。

7 关火后盛出炒好的菜肴，撒上葱花即可。

豆腐酪

• 原料

豆腐、芒果各100克，奶酪30克

• 做法

1 将芒果去皮，切成小丁块；奶酪压扁，制成泥；豆腐切成小方块。

2 锅中注清水烧开，倒入豆腐块，焯约2分钟，捞出，放在盘中，待用。

3 取榨汁机，选搅拌刀座组合，倒入芒果丁。

4 放入焯过水的豆腐，再放入制好的奶酪泥，盖上盖。

5 通电后选择"搅拌"功能，搅拌一会儿至食材成糊状。

6 断电后盛出搅拌好的食材，放在碗中即成。

专家点评

奶酪是牛奶经浓缩、发酵而成的奶制品，富含钙、磷、蛋白质，是补钙的佳选。

椰香西蓝花

• 原料

西蓝花200克，草菇100克，香肠120克，牛奶、椰浆各50毫升，胡萝卜片、姜片、葱段各少许

• 调料

盐3克，鸡粉2克，水淀粉、食用油各适量

• 做法

1 开水锅中放入食用油、1克盐、切好的草菇和西蓝花，煮至断生，捞出待用。

2 用油起锅，放入胡萝卜片、姜片、葱段，爆香；放入香肠，炒香。

3 倒入适量清水、焯好的食材、牛奶、椰浆，煮沸。

4 加2克盐、鸡粉调味，再用水淀粉勾芡即可。

专家点评

西蓝花富含多种营养成分，孩子常吃西蓝花，可促进生长发育、维持牙齿和骨骼健康、保护视力、提高记忆力。

草菇花菜炒肉丝

• 原料

草菇70克，彩椒20克，花菜180克，猪瘦肉240克，姜片、蒜末、葱段各少许

• 调料

盐3克，生抽4毫升，料酒8毫升，蚝油、水淀粉、食用油各适量

看视频 学做菜

• 做法

1 草菇对半切开，彩椒切成粗丝，花菜切小朵，猪瘦肉切细丝。

2 将切好的瘦肉丝装入碗中，加入2毫升料酒、盐、水淀粉、食用油，拌匀，腌渍10分钟。

3 锅中注清水烧开，加入1克盐、2毫升料酒，倒入草菇，煮约4分钟。

4 放入花菜，加入食用油，煮至断生，倒入彩椒，略煮片刻。

5 捞出焯好的食材，沥干水分，待用。

6 用油起锅，倒入肉丝，炒至变色，放入姜片、蒜末、葱段，炒香。

7 倒入焯过水的食材，加1克盐、生抽、4毫升料酒、蚝油、水淀粉，炒至入味，盛出即可。

如意白菜卷

白菜不宜焯太久，否则白菜卷易破裂，影响成品美观。

• 原料

白菜叶100克，肉末200克，水发香菇10克，高汤100毫升，姜末、葱花各少许

• 调料

盐、鸡粉各3克，料酒5毫升，水淀粉4毫升

专家点评

肉末富含蛋白质、钙、铁等营养物质；香菇和白菜含有丰富的维生素C、膳食纤维等营养成分，再搭配高汤烹制，营养更加全面，特别适合处于生长发育期的儿童食用。

看视频 学做菜

• 做法

1 洗净的香菇去蒂，再切成条，改切成丁。

2 锅中注清水烧开，倒入白菜叶，搅匀，煮至熟软，捞出待用。

3 肉末装碗，加香菇、姜末、葱花、1克盐、1克鸡粉，淋入料酒、2毫升水淀粉，搅匀，制成肉馅。

4 将白菜叶铺平，放入肉馅，卷成卷，放入盘中。

5 蒸锅上火烧开，放入白菜卷，蒸20分钟后取出，放凉待用。

6 将放凉的白菜卷两端修齐，对半切开。

7 炒锅中倒入高汤，加2克盐、2克鸡粉、2毫升水淀粉，调成味汁；关火后盛出，浇在白菜卷上即可。

三杯卤猪蹄

猪蹄氽好后应再过一遍凉水，这样能更彻底地洗去污渍。

看视频 学做菜

• 原料

猪蹄块300克，三杯酱汁120毫升，青椒圈25克，葱结、姜片、蒜头、八角、罗勒叶各少许

• 调料

盐3克，白酒7毫升，食用油各适量

• 做法

1 锅中注清水烧开，放入洗净的猪蹄块，氽去污渍，捞出。

2 锅中注清水烧热，倒入氽好的猪蹄，淋入白酒，倒入八角、部分姜片，放入葱结，加入盐，大火煮至汤水沸腾。

3 转小火煮至食材熟软，关火后捞出猪蹄块。

4 用油起锅，放入蒜头、余下的姜片，倒入青椒圈，爆香。

5 注入三杯酱汁，倒入煮过的猪蹄，加入适量清水，烧开后转小火卤约30分钟。

6 放入洗净的罗勒叶，煮至断生；关火后盛出即可。

专家点评

猪蹄含有胶原蛋白、维生素A、维生素D、维生素E、维生素K、钙、磷、镁、铁等有益成分，具有润肤、补血、补钙等作用。

看视频 学做菜

嫩牛肉胡萝卜卷

制作肉卷时，可以用牙签封口，这样肉卷不易散开。

• 原料

牛肉270克，胡萝卜60克，生菜45克，西红柿65克，鸡蛋1个，面粉适量

• 调料

盐3克，胡椒粉少许，料酒4毫升，橄榄油适量

• 做法

1 将去皮胡萝卜、西红柿切薄片，生菜切除根部，牛肉切片。

2 牛肉片装碗，打入蛋清，加1克盐、料酒、面粉，拌匀上浆，注入橄榄油，腌渍10分钟。

3 胡萝卜片装盘，加2克盐、胡椒粉，搅拌匀，腌渍约10分钟。

4 煎锅置火上，注入橄榄油烧热，放入腌好的肉片，煎香，撒上胡椒粉，翻转肉片，煎至七八成熟，盛出待用。

5 取牛肉片，铺开，放上西红柿、生菜、胡萝卜，卷成卷。

6 依次做完余下的食材，放在盘中即可。

专家点评

胡萝卜是一种质脆味美、营养丰富的家常蔬菜。儿童适量食用可健胃消食、增高助长，防治消化不良、夜盲症等。

五彩鸡米花

本品中的食材也可以换成
其他食材，让品种更丰富。

• 原料

鸡胸肉85克，圆椒 60克，哈
密瓜50克，胡萝卜40克，茄
子60克，姜末、葱末各少许

• 调料

盐3克，水淀粉、料酒各3毫
升，食用油适量

专家点评

鸡胸肉的蛋白质含量较
高，易被人体吸收、利
用，且其所含的磷脂类是
人体生长发育所需营养的
重要来源之一，可常食。

看视频 学做菜

• 做法

1 将圆椒、胡萝卜切成丁，哈密瓜、茄子、鸡胸肉切成粒。

2 将鸡胸肉装入碗中，放入1克盐、水淀粉，抓匀，加入食用油，腌渍3分钟至入味。

3 锅中注入适量清水烧开，放入胡萝卜、茄子，煮1分钟，放入圆椒、哈密瓜，再煮半分
钟，捞出。

4 用油起锅，倒入姜末、葱末，爆香，放入鸡胸肉，翻炒松散，至鸡肉转色。

5 淋入料酒，炒香，倒入焯过水的食材，炒匀。

6 加入2克盐，炒匀调味；将炒好的材料盛出，装入碗中即可。

炒蛋白

• 原料

鸡蛋2个，火腿30克，虾米25克

• 调料

盐少许，水淀粉4毫升，料酒2毫升，食用油适量

• 做法

1 将火腿切片，再切成丝，改切成粒；洗净的
  虾米剁碎。

2 鸡蛋打开，取蛋清，放入少许盐、水淀粉，
  用筷子打散，调匀。

3 用油起锅，倒入虾米，炒出香味，放入火
  腿，炒匀，淋入料酒，炒香。

4 倒入备好的蛋清，炒匀。

5 关火后盛出炒好的食材，装入碗中即可。

专家点评

本品所用食材营养丰富，且易消化吸收，
家长可常为孩子准备此类膳食。

藕汁蒸蛋

• 原料

鸡蛋120克，莲藕汁200毫升，葱花少许

• 调料

生抽5毫升，盐、芝麻油各适量

• 做法

1 取一个大碗，打入鸡蛋，搅散。

2 倒入莲藕汁，加入少许盐，搅拌均匀，倒
  入备好的蒸碗中。

3 蒸锅中注清水烧开，放上蛋液。

4 盖上盖，大火蒸12分钟至熟；揭盖，取出
  蒸蛋。

5 淋入生抽、芝麻油，撒上备好的葱花即可
  食用。

专家点评

鸡蛋几乎含有人体必需的所有营养物质，
被人们称作"理想的营养库"，处于生长
发育期的孩子可每日适量食用。

猕猴桃炒虾球

炸虾仁时，要控制好时间和火候，以免炸得过老，影响成品口感。

看视频 学做菜

- 原料

猕猴桃60克，鸡蛋1个，胡萝卜70克，虾仁75克

- 调料

盐4克，水淀粉、食用油各适量

- 做法

1 去皮的猕猴桃切小块，胡萝卜切丁；虾仁去除虾线，装入碗中，加盐、水淀粉，抓匀，腌渍10分钟。

2 将鸡蛋打入碗中，放入1克盐、水淀粉，打散，调匀。

3 开水锅中放入1克盐，倒入胡萝卜，煮至断生，捞出备用。

4 热油锅中倒入虾仁，炸至转色，捞出。

5 锅底留油，倒入蛋液，炒熟，装盘。

6 用油起锅，倒入胡萝卜、虾仁，炒匀，倒入炒好的鸡蛋。

7 加2克盐调味，放入猕猴桃，炒匀，倒入水淀粉，炒至入味即可。

专家点评

本品食材多样，而且色彩丰富，可以吸引孩子多吃饭，避免孩子因营养不良而引起身材矮小等症。

看视频 学做菜

木瓜银耳汤

银耳需事先把黄色根部去除，以免影响口感。

• 原料

木瓜200克，枸杞30克，水发莲子65克，水发银耳95克

• 调料

冰糖40克

• 做法

1 洗净的木瓜切块，待用。

2 砂锅注清水烧开，倒入木瓜、银耳、莲子，搅匀。

3 加盖，用大火煮开后转小火续煮30分钟。

4 揭盖，倒入枸杞、冰糖，搅拌均匀，续煮10分钟至食材熟软入味。

5 关火后盛出煮好的甜汤，装入碗中即可。

专家点评

银耳口感滋润而不腻滞，含有多种氨基酸、矿物质等成分，而木瓜富含胡萝卜素和维生素C，学前期的孩子饮用此汤，具有增强免疫力、促进长高的作用。

豆腐狮子头

制作时，可根据孩子的口味选择适当调料加入。

● 原料

老豆腐155克，虾仁末、鸡蛋液各60克，猪肉末75克，去皮马蹄、木耳碎各40克，葱花、姜末各少许

● 调料

盐、鸡粉各3克，胡椒粉2克，五香粉2克，料酒5毫升，生粉30克，芝麻油适量

专家点评

豆腐具有增强体质、保护肝脏等作用，孩子常食还能强健骨骼和牙齿。

看视频 学做菜

● 做法

1　马蹄切碎；洗净的老豆腐装入碗中，用筷子夹碎。

2　放入切好的马蹄碎、备好的虾仁末、肉末、木耳碎、葱花和姜末。

3　将鸡蛋液打散，倒入食材中。

4　加入1克盐、1克鸡粉、胡椒粉、五香粉和料酒，沿一个方向拌匀。

5　倒入生粉，搅拌均匀成馅料。

6　用手取适量馅料挤出丸子状，再放入沸水锅中，煮约3分钟，撇去浮沫。

7　加入2克盐、2克鸡粉，拌匀调味；关火后淋入芝麻油，搅匀，盛入碗中即可。

菠菜肉丸汤

菠菜先用开水焯烫一下，可以去除其中大部分的草酸。

• 原料

菠菜70克，肉末110克，姜末、葱花各少许

• 调料

盐2克，鸡粉3克，生抽2毫升，生粉12克，食用油适量

专家点评

菠菜中含有丰富的钙和铁，能壮骨、补血；猪肉中富含铁和优质蛋白质。两者搭配能有效促进儿童长高，常食还能预防儿童缺铁性贫血。

看视频 学做菜

• 做法

1 洗净的菠菜切段，备用。

2 将肉末装入碗中，加入姜末、葱花，放入1克盐、1克鸡粉，倒入生粉，拌匀。

3 锅中注入适量清水烧开，将拌好的肉末挤成数个丸子，放入锅中。

4 用大火略煮，撇去浮沫。

5 加入少许食用油、1克盐、1克鸡粉、生抽，拌匀。

6 倒入菠菜，拌匀。

7 续煮片刻，至菠菜断生，盛出煮好的食材，装入碗中即可。

猪大骨海带汤

猪大骨本身比较大块，可以在上面斩几刀，更容易煮透。

看视频 学做菜

• 原料

猪大骨1000克，海带结120克，姜片少许

• 调料

盐、鸡粉、白胡椒粉各2克

• 做法

1 锅中注入适量清水，用大火烧开。

2 倒入洗净的猪大骨，搅匀，汆去杂质，捞出汆好的食材，沥干水分，备用。

3 取电火锅，倒入汆好的猪大骨。

4 放入海带结、姜片，注入适量清水，搅拌均匀。

5 盖上盖，煮约100分钟；揭盖，加入盐、鸡粉、白胡椒粉，搅拌片刻，煮至食材入味。

6 切断电源，将煮好的汤盛入碗中即可。

专家点评

猪骨有健脾养胃、养血健骨的功效，海带能清热润燥、润肠排毒。儿童经常喝些猪骨海带汤，能及时补充长高所需的骨胶原物质和钙质，有助于骨骼的生长发育。

看视频 学做菜

黑木耳山药煲鸡汤

切山药时最好戴上一次性手套，以免其黏液沾染皮肤，引起皮肤发痒。

• 原料

去皮山药100克，
水发木耳90克，鸡
肉块250克，红枣30
克，姜片少许

• 调料

盐、鸡粉各2克

• 做法

1 洗净的山药切滚刀块，备用。

2 开水锅中倒入鸡肉块，搅匀，汆去血水。

3 捞出汆好的鸡肉块，沥干待用。

4 取电火锅，加入适量清水，倒入备好的鸡肉块、山药块、木耳、红枣、姜片，炖煮约100分钟。

5 加入盐、鸡粉，搅拌调味。

6 断电，盛出鸡汤，装入碗中即可。

专家点评

本品具有养血健骨、润燥排毒、增强免疫力等作用，非常适宜体质虚弱、身材瘦小、营养不良、烦躁不安的孩子食用，还能预防缺铁性贫血。

口蘑嫩鸭汤

鸭肉焯水时间不宜过久，以免影响口感。

• 原料

口蘑150克，鸭肉300克，高汤600毫升，葱段、姜片各少许

• 调料

盐2克，料酒5毫升，生粉3克，鸡粉、胡椒粉、食用油各适量

专家点评

口蘑具有润肠通便、增强免疫力等作用，搭配嫩鸭煮汤，更易消化吸收，能为孩子发育补充全面的营养。

看视频 学做菜

• 做法

1　将洗净的口蘑切成片，备用。

2　把鸭肉切片，装入碗中，加入1克盐、料酒、生粉，拌匀至起浆，腌渍片刻。

3　开水锅中倒入腌好的鸭片，汆片刻；捞出，沥干水分，待用。

4　热锅注油，倒入姜片、葱段，爆香。

5　加入鸭肉片、高汤、口蘑、1克盐，大火煮开转小火煮5分钟。

6　加入鸡粉、胡椒粉，炒匀。

7　关火后将煮好的汤盛出，装入碗中即可。

橄榄栗子鹌鹑

把洗好的板栗放入冰箱冷冻30分钟，其内皮容易剥离。

• 原料

鹌鹑240克，青橄榄50克，瘦肉55克，板栗60克

• 调料

盐、鸡粉各3克

专家点评

鹌鹑肉含有蛋白质、磷脂、胆固醇等营养成分，具有消肿利水、补中益气、健脑益智等作用，配以养胃健脾、补肾强筋的栗子，其养血益气、强壮筋骨的作用更强。

看视频 学做菜

• 做法

1　将洗净的青橄榄拍破，洗净的瘦肉切成小块。

2　把处理干净的鹌鹑切小块，备用。

3　锅中注入适量清水烧开，放入切好的瘦肉块，搅匀氽去血水，捞出，沥干待用。

4　将切好的鹌鹑倒入沸水锅中，拌匀，煮至沸，氽去血水，捞出备用。

5　砂锅中注清水烧开，倒入瘦肉、鹌鹑、青橄榄、板栗，搅匀。

6　盖上盖，大火烧开后用小火炖1小时。

7　揭盖，放入盐、鸡粉，拌匀调味，关火后盛出即可。

橘皮鱼片豆腐汤

• 原料

草鱼肉260克，豆腐200克，橘皮少许

• 调料

盐2克，鸡粉、胡椒粉各少许

• 做法

1 将洗净的橘皮切细丝，草鱼肉切片。

2 洗净的豆腐切开，再切小方块。

3 开水锅中倒入豆腐块，拌匀，煮约3分钟。

4 加入盐、鸡粉，拌匀调味，放入鱼肉片，搅散，撒上适量胡椒粉，煮约2分钟。

5 倒入橘皮丝，拌煮出香味，盛出装碗即可。

专家点评

草鱼肉质鲜嫩，营养丰富，搭配豆腐，对促进大脑发育、保护眼睛等都有很好的效果。

芋头海带鱼丸汤

• 原料

芋头120克，鱼肉丸160克，水发海带丝110克，姜片、葱花各少许

• 调料

盐、鸡粉各少许，料酒4毫升

• 做法

1 将鱼丸切上十字花刀，芋头切丁。

2 砂锅中注清水烧开，倒入芋头丁，煮约15分钟，倒入鱼丸、海带丝、料酒。

3 撒上姜片，拌匀，续煮10分钟。

4 加入少许盐、鸡粉，拌匀调味；关火后盛出装碗，点缀上葱花即可。

专家点评

本品味道鲜美，具有增进食欲、健脑益智、保护牙齿、强壮骨骼等功效。

看视频 学做菜

黄鱼蛤蜊汤

黄鱼可先腌渍一会儿再烹饪，这样更容易入味。

• 原料

黄鱼400克，熟蛤蜊300克，西红柿100克，姜片少许

• 调料

盐、鸡粉各2克，食用油适量

看视频 学做菜

专家点评

蛤蜊营养价值高，富含蛋白质、碘、钙、铁以及多种维生素；黄鱼含有蛋白质、B族维生素、钙、磷、铁、碘、硒等营养成分。两者搭配成汤，不仅味道鲜美，而且还有增强免疫力、强筋健骨等功效。

• 做法

1 将洗净的西红柿去除果皮，处理好的黄鱼切上花刀，备用。

2 熟蛤蜊取出肉块，备用。

3 用油起锅，放入黄鱼，用小火煎出香味。

4 放入姜片，注入适量温开水，用大火略煮片刻，倒入蛤蜊肉、西红柿。

5 盖上盖，烧开后转小火煮至食材熟透。

6 揭开盖，加入盐、鸡粉，拌匀，煮至食材入味。

7 关火，盛出煮好的汤即可。

草莓酸奶昔

草莓切好后最好立即使用，以免降低其营养价值。

看视频 学做菜

• 原料

酸奶300毫升，草莓60克

• 调料

白糖少许

• 做法

1 将洗净的草莓切小块，备用。

2 取搅拌机，选择搅拌刀座组合。

3 倒入部分切好的草莓。

4 放入备好的酸奶，撒上少许白糖，再盖上盖。

5 通电后选取"榨汁"功能，快速搅拌一会儿至榨出果汁。

6 断电后揭盖，将拌好的材料倒入杯中。

7 点缀上余下的草莓即可。

专家点评

草莓中含有丰富的维生素C和胡萝卜素，儿童常食对其生长发育十分有益；搭配酸奶食用，还能促进胃肠蠕动、帮助消化、预防便秘的发生。

Part 5

学龄期，
平稳长高不抢"跑"

虽然学龄期孩子骨骼的生长略显缓慢，但也处于稳步长高期。从某种程度上来讲，学龄期没打好基础，孩子在青春期的骨骼生长也会受到影响，您愿意让自己孩子的身高增长就这样停滞不前吗？不妨为孩子的增高助长多学些"储备"知识吧。

身高特点

孩子在7~12岁时为学龄期。孩子进入学龄期后，骨骼的生长发育慢慢处于一个平稳缓和的时期，增长速率基本趋于稳定。此间，巩固孩子身体的营养基础，养成孩子良好的饮食、生活与运动习惯，可为青春期骨骼的迅速生长打下基础。另外，这一时期的孩子开始进入小学，家长对孩子的身体情况、心理情况以及教育和安全意识等都应该有所了解，并给予孩子有效的指导与关心，让孩子健康平稳地长大。

{ 身高标准对照表 }

标准 身高（厘米） 年龄	男			女		
	-2SD	中位数	+2SD	-2SD	中位数	+2SD
7岁	114.0	124.0	134.3	112.7	122.5	132.7
8岁	119.3	130.0	141.1	117.9	128.5	139.4
9岁	123.9	135.4	147.2	122.6	134.1	145.8
10岁	127.9	140.2	152.7	127.6	140.1	152.8
11岁	132.1	145.3	158.9	133.4	146.6	160.0
12岁	137.2	151.9	166.9	139.5	152.4	165.3

一般而言，孩子在7~9岁时属于儿童期，10~12岁时属于青春早期。因此，这个阶段的儿童生长发育既有儿童期的特点，又有青春早期的特点。

儿童期，孩子的体格发育基本处于平稳增长期，略呈缓慢下降的趋势，身高平均每年增长5厘米左右，体重平均每年增长4千克左右。10岁以后，进入青春早期，部分孩子发育会呈现快速增长趋势。尤其是女孩，由于发育略早于男孩的特点，一般会比男孩早进入身高增长快速期，每年可增长7~9厘米。而男孩一般要在12岁左右进入身高突增期。

长高妙招

对于学龄期的孩子，家长在照料时既要避免孩子发育不良，也要控制孩子过早发育，保证孩子的骨骼生长平稳、安全、持续，在长高的赛道上既不"抢跑"，也不落后。

饮食助长高

随着孩子渐渐长大，步入学龄期，虽然其骨骼的生长依然缓慢，但是由于增加了学业任务，活动量也增大，所以营养的补充也不能忽视。此时很多孩子的午餐大多在学校进行，因此家长要安排好孩子的早餐和晚餐。尤其是早餐，既要满足孩子一上午学习的能量需求，又要为骨骼牙齿的生长提供营养保障，因此早餐一定要品种丰富、营养全面。而晚餐宜清淡，忌油腻，以免影响孩子的消化吸收。此外，还要多吃富含钙及维生素D的食物，如牛奶、海鱼、虾、玉米、苋菜等，避免孩子出现因钙摄入不足而造成的身材矮小、发育迟缓等问题。

这一时期的孩子慢慢开始有了自主意识，因此家长要特别注意引导孩子养成良好的饮食习惯，不要挑食，各种食物都要吃一些，保证饮食的营养和均衡。另外，还要控制好孩子的零食摄入，避免孩子进食过多含糖量高的食品、膨化食品及碳酸饮料，可以多给孩子准备一些水果，以转移孩子对零食的兴趣。

{ 7 ~ 12 岁孩子每日增高饮食指导 }

	营养菜单	长高明星食材
早餐	鲜牛奶、黑米粥、馒头、水煮鸡蛋	大米、黄豆、牛奶、鸡蛋、上海青、西蓝花、山药、海带、猪肉、鸡肉、牛肉、鲈鱼、草鱼、虾、黑芝麻、核桃、花生
午餐	菌菇焖饭、素炒上海青、嫩牛肉胡萝卜卷、豆腐紫菜鲫鱼汤	
晚餐	米饭、苦瓜玉米粒、南瓜烧排骨、桂圆红枣银耳羹	
加餐1~2次	酸奶、面包、饼干、苹果、香蕉	

02 睡眠助长高

夜晚的睡眠时间是促进孩子长高的生长激素分泌最旺盛的时候。学龄期，父母应督促孩子尽早开始做家庭作业，最好在9~10点之间上床睡觉，并保证9～10小时的睡眠时间。学龄期的孩子活泼好动，因此在晚上睡觉之前，家长要注意别让孩子玩得太兴奋，尤其是睡前半小时，不要进行剧烈的运动，也不要看太刺激的影视节目或玩游戏，可以看会儿书或电视，尽量让孩子保持安静和放松的状态。在孩子完成作业以后，可以适当补充热牛奶等助眠食品，为睡眠和长高助力。

03 运动助长高

○ 跳跃

双脚跳跃用手摸树枝、篮球架、天花板等。10次为一组，每次向上跳跃5~7秒，每组间隔4~5分钟。要尽量使身体处于最大程度的伸展状态。另外，也可以选择下蹲跳起。做30~60个不同姿势的跳跃，双脚用力蹬地。

○ 引体向上

双手紧握单杠，使身体悬空下垂，下垂时以脚尖能轻轻接触地面为佳，然后做引体向上动作。引体向上时呼气，慢慢下降时吸气。男孩每天做10~15次，女孩每天做2~5次。练习做完后，要走动走动，使肌肉放松。

○ 引身舒脊操

仰卧，双手重叠枕在后颈部，双腿弯曲，脚跟最大限度地靠近臀部。稍微抬起臀部，离开床面。双腿同时用力把双膝向下按压，双脚用力下蹬，身体因受到牵引力而往下移。重复5次。也可以根据身体的实际情况，先做单腿的"牵引"，左右腿各做2～3次，再做双腿的"牵引"，2~3次结束。做操时要注意，千万不可用力过猛，以免肌肉拉伤。

按摩助长高

选穴：百会穴、四神聪穴、足窍阴穴、安眠穴。

定位：百会穴在头部，当前发际正中直上5寸，或两耳尖连线的中点处；四神聪穴在百会穴前后左右各1寸，共4个；足窍阴穴在足第4趾外侧，趾甲角旁0.1寸；安眠穴在脑后，翳风穴与风池穴连线的中点。

方法：孩子取坐位或仰卧位，按摩者用右手拇指尖在百会穴点按，待局部产生麻感后立即改用拇指腹旋摩，如此反复交替进行约30秒；然后用掌心以百会穴为轴心，向四神聪穴均匀用力按压与旋摩约30秒；然后用大拇指指腹点按安眠穴1分钟，点按力度以局部有酸胀感为宜；最后用大拇指螺纹面揉足窍阴穴50次。每日临睡前30分钟按摩一次。

功效：缓解疲劳，提高孩子的睡眠质量，促进生长激素的分泌。

05 预防性早熟

如果女孩在8岁前出现明显的第二性征和（或）9岁前出现月经初潮，男孩在9岁前出现第二性征和（或）睾丸开始发育，就被认为是"性早熟"。性早熟的孩子受性激素的影响，骨骼的发育会超前，从而大大缩短了其生长周期，造成骨骺提前闭合，虽然儿童期身材较同龄人偏大，成人后身材却比同龄人矮小。因此，孩子性早熟一定要提防，并及早采取措施。

建议父母可以和年纪较小的孩子一起洗澡，方便了解孩子的身体状况；如果是年纪稍大的孩子，就需要父母在生活中多留意了。一旦发现孩子有性早熟的症状就要及时就诊，同时还要特别关注孩子的心理变化，向孩子讲解一些必要的知识，帮助孩子消除精神压力。此外，在饮食方面，家长要注意避免给孩子吃过多的补品和肉类、反季节水果、洋快餐等，以免增大性早熟概率。

看视频 学做菜

花生核桃糊

- 原料

糯米粉90克，核桃仁60克，花生米50克

- 调料

白糖适量

- 做法

1. 取榨汁机，选择干磨刀座组合，倒入洗净的花生米、核桃仁，拧紧。

2. 将食材磨成粉，倒入碗中，制成核桃粉。

3. 另取一碗，放入糯米粉，加入适量清水，调匀，制成生米糊，待用。

4. 取一碗，将加水拌好的核桃粉倒入碗中，倒入糯米粉，加清水，调成糊状。

5. 锅中注水，放入花生，煮至熟；倒入白糖，煮至溶化；倒入调好的米糊，煮至沸腾；盛出即可。

专家点评

本品有益智增高的功效，而且容易消化吸收，适宜消化功能不好的儿童食用。

鸡肝土豆粥

- 原料

米碎、土豆各80克，净鸡肝70克

- 调料

盐少许

- 做法

1. 去皮洗净的土豆切小块。

2. 蒸锅中注清水烧开，放入装有土豆块和鸡肝的蒸盘，蒸约15分钟，取出，放凉待用。

3. 把放凉后的土豆、鸡肝压成泥，待用。

4. 汤锅中注清水烧热，倒入米碎，搅拌几下，煮约4分钟，倒入土豆泥，搅拌匀。

5. 再放入鸡肝，拌匀、搅散，煮至沸。

6. 加入盐，拌匀调味，关火后盛出即可。

看视频 学做菜

专家点评

土豆中含有丰富的膳食纤维，儿童食用后可促进营养的消化和吸收；搭配鸡肝泥食用，对孩子长高有帮助。

奶香水果燕麦粥

制作时，可以根据孩子的喜好，在其中添加橘子、香蕉等其他水果。

看视频 学做菜

• 原料

燕麦片75克，牛奶100毫升，雪梨30克，猕猴桃65克，芒果50克

• 做法

1　洗净的雪梨去皮，去核，切成小块。

2　猕猴桃、芒果分别去皮，切小块，备用。

3　砂锅中注入适量清水烧开，倒入燕麦片，搅拌匀。

4　盖上盖，用小火煮约30分钟至熟；揭盖，倒入牛奶，用中火略煮片刻。

5　倒入切好的水果，搅拌匀。

6　关火后盛出煮好的燕麦粥即可。

专家点评

燕麦片含有B族维生素、维生素E、钙、铁、磷、锌、锰等营养成分，儿童适量食用有助于胃肠道健康，加入水果和牛奶煮粥，还可为身体生长提供充足的营养。

看视频 学做菜

南瓜花生蒸饼

葡萄干不宜剁得太碎，以免影响口感。

• 原料

米粉70克，配方奶300毫升，南瓜130克，葡萄干30克，核桃粉、花生粉各少许

• 做法

1 蒸锅中注清水烧开，放入备好的南瓜。

2 盖上盖，蒸约15分钟；揭盖，取出南瓜，放凉待用。

3 将放凉的南瓜压碎，碾成泥状。

4 把洗好的葡萄干剁碎，备用。

5 南瓜泥中加核桃粉、花生粉、葡萄干、米粉拌匀，倒入配方奶，制成南瓜糊，装入蒸碗中，待用。

6 蒸锅中注清水烧开，放入蒸碗，用中火蒸约15分钟至熟。

7 关火后取出蒸好的食材即可。

专家点评

南瓜具有补中益气、促进生长发育等功效，处于生长期的儿童可经常食用，但一次性不宜食用过多，以免引起腹胀。

菠菜小银鱼面

银鱼干事先泡软后再放入锅中，可以缩短烹饪时间。

• 原料

菠菜60克，鸡蛋1个，面条100克，水发银鱼干20克

• 调料

盐2克，鸡粉少许，食用油4毫升

专家点评

本品荤素搭配，食材多样，能为孩子补充全面的营养，而且也很容易被人体消化吸收，儿童常食能为机体补充足够的钙、铁、维生素C、蛋白质等对长高有益的营养素。

看视频 学做菜

• 做法

1 将鸡蛋打入碗中，搅散、拌匀，制成蛋液，备用。

2 洗净的菠菜切成段，面条折成小段。

3 锅中注清水烧开，放入食用油、盐、鸡粉，撒上银鱼干，煮沸后倒入面条。

4 盖上盖，用中小火煮约4分钟。

5 揭盖，搅拌几下，倒入菠菜，续煮片刻。

6 倒入备好的蛋液，边倒边搅拌，使蛋液散开，煮至液面浮现蛋花。

7 关火后盛出煮好的食材即可。

彩虹炒饭

蔬菜类食材可先焯一遍，能够保持菜肴原有的色泽。

• 原料

凉米饭200克，火腿肠80克，红椒40克，豆角、青豆各50克，鲜玉米粒45克，蛋液60克，葱花少许

• 调料

盐、鸡粉各2克，食用油适量

看视频 学做菜

专家点评

青豆含有蛋白质、纤维素、维生素A、钙、磷、钾、铁、锌等营养成分，儿童常食可补充骨骼生长所需的多种营养素。

• 做法

1 将洗净的红椒去籽，切丁；洗净的豆角切粒；火腿肠切条，再切丁。

2 锅中注清水烧开，放入青豆、玉米粒、豆角，拌匀，焯片刻，至食材断生。

3 捞出焯好的食材，沥干水分，备用。

4 用油起锅，倒入蛋液，翻炒熟，加入火腿肠，炒匀。

5 倒入焯好的食材，放入备好的红椒、米饭，炒匀、炒散。

6 放入盐、鸡粉，炒匀调味。

7 放入葱花，翻炒匀；关火后将炒好的食材盛入碗中即可。

鸡汤菌菇焖饭

高压锅中加入的水不宜太多，以免米饭太稀，影响口感。

看视频 学做菜

• 原料

水发大米260克，蟹味菇100克，杏鲍菇35克，洋葱40克，水发猴头菇50克，黄油30克，蒜末少许

• 调料

盐2克，鸡粉少许

• 做法

1 将洗净的洋葱切碎，杏鲍菇切丁。

2 把蟹味菇切去根部，切小段；猴头菇切小块，备用。

3 煎锅置于火上烧热，放入黄油，拌至熔化，撒上蒜末，炒香，放入洋葱碎，翻炒匀。

4 倒入蟹味菇、猴头菇、杏鲍菇，炒匀，注入清水，煮至沸。

5 加盐、鸡粉调味；关火后盛出食材，装入碗中，制成酱菜。

6 高压锅中倒入大米、适量清水、酱菜，拌匀，煮约20分钟。

7 关火后盛出焖好的米饭即可。

专家点评

本品中含有多种食材，不仅营养全面、丰富，而且还能增进孩子的食欲，避免孩子出现营养不良、身材矮小等问题。

黑豆银耳豆浆

• 原料

水发黑豆50克，水发银耳20克

• 调料

白糖适量

• 做法

1 将已浸泡8小时的黑豆倒入碗中，注入适量清水，搓洗干净，沥干水分，待用。

2 将黑豆、银耳倒入豆浆机中，注入适量清水，至水位线。

3 盖上豆浆机机头，启动豆浆机，开始打浆。

4 待豆浆机运转约15分钟，即成豆浆。

5 将豆浆机断电，取下机头；把煮好的豆浆倒入滤网中，滤取豆浆。

6 将滤好的豆浆倒入碗中，加入白糖，拌至溶化即可。

专家点评

本品具有健脾养胃、润肺止咳、安神助眠等功效，可为儿童长高助力。

牛奶芝麻豆浆

• 原料

牛奶80毫升，水发黄豆60克，黑芝麻10克

• 做法

1 将已浸泡8小时的黄豆倒入碗中，注入适量清水，用手搓洗干净，沥干水分。

2 将黄豆、黑芝麻、牛奶倒入豆浆机中，注入适量清水，至水位线。

3 盖上豆浆机机头，启动豆浆机，开始打浆；待豆浆机运转约15分钟，即成豆浆。

4 将豆浆机断电，取下机头。

5 把煮好的豆浆倒入滤网中，滤取豆浆。

6 将滤好的豆浆倒入碗中，待稍稍放凉后即可饮用。

专家点评

牛奶和黑芝麻均为益智、增高的佳品，搭配黄豆打成豆浆，不仅营养价值高，而且简单易制，家长可每天为孩子准备一些。

四喜蒸苹果

此膳中的糯米饭也可以换成大米饭，但均不宜蒸太久，以免影响口感。

看视频 学做菜

• 原料

山楂糕25克，桂圆肉10克，苹果丁150克，糯米饭200克

• 调料

玫瑰酱10克，白糖适量

• 做法

1　洗好的桂圆肉切碎，备用。

2　山楂糕切条，再切丁。

3　取一个蒸碗，倒入切好的山楂糕、桂圆肉，放入苹果丁。

4　加入备好的玫瑰酱、白糖、糯米饭，拌匀，备用。

5　蒸锅中注入适量清水烧开，放入蒸碗。

6　盖上盖，用大火蒸30分钟至食材熟透。

7　揭盖，取出蒸碗，待稍微放凉后即可食用。

专家点评

本品食材丰富，具有健脾开胃、促进消化、益智增高、增强免疫力等功效，符合学龄儿童的膳食原则。

苦瓜玉米粒

焯食材时,可加入少许食用油,这样成品的色泽能更艳丽。

• 原料

玉米粒150克,苦瓜80克,彩椒35克,青椒10克,姜末少许

• 调料

盐少许,食用油、泰式甜辣酱各适量

专家点评

玉米粒含有蛋白质、维生素B_6、维生素E、烟酸以及铁、锌、磷、钙等营养成分,具有润滑肌肤、预防便秘、增高助长等作用,生长期的儿童可经常食用。

看视频 学做菜

• 做法

1 洗净的苦瓜切条形,去除瓜瓤,再用斜刀切菱形块。

2 洗好的青椒切开,再切丁;洗净的彩椒切条形,再切丁。

3 锅中注清水烧开,倒入玉米粒,搅匀,焯一会儿,倒入苦瓜块、彩椒丁、青椒丁。

4 煮约1分钟,至全部食材断生后捞出,沥干水分,待用。

5 用油起锅,撒上备好的姜末,爆香,倒入焯过水的食材,炒匀炒透。

6 加入少许盐,倒入备好的甜辣酱,大火快炒,至食材熟软、入味。

7 关火后盛出炒好的菜肴,装在盘中即可。

西红柿青椒炒茄子

• 原料

青茄子120克，西红柿95克，青椒20克，花椒、蒜末各少许

• 调料

盐2克，白糖、鸡粉各3克，水淀粉、食用油各适量

• 做法

1　青茄子切滚刀块，西红柿、青椒切小块。

2　热锅注油烧热，倒入茄子，略炸一会儿。

3　放入青椒，炸出香味，捞出，沥干待用。

4　用油起锅，倒入花椒、蒜末，爆香，倒入炸过的食材，放入西红柿，炒出水分。

5　加盐、白糖、鸡粉、水淀粉，翻炒匀即可。

专家点评

茄子中含有丰富的维生素及微量元素，可促进儿童的身高增长，预防儿童便秘。

看视频 学做菜

酸甜脆皮豆腐

• 原料

豆腐250克

• 调料

白糖3克，生粉20克，酸梅酱、食用油各适量

• 做法

1　将洗净的豆腐切开，再切长方块，滚上一层生粉，制成豆腐生坯，待用。

2　取酸梅酱，加白糖，调成味汁，待用。

3　热锅注油烧热，放入豆腐，轻轻搅匀，用中小火炸约2分钟，至食材熟透，捞出沥干。

4　将炸好的豆腐装入盘中，浇上味汁即可。

专家点评

豆腐是常见的豆制品，儿童食用，可补充骨骼生长所需的铁、钙、蛋白质等营养素。

看视频 学做菜

看视频 学做菜

南瓜烧排骨

喜欢软糯口味的话，可以将南瓜多炖几分钟，这样排骨汤汁也会更香甜。

- **原料**

去皮南瓜300克，排骨块500克，葱段、姜片、蒜末各少许

- **调料**

盐、白糖各2克，鸡粉3克，料酒、生抽各5毫升，水淀粉、食用油各适量

- **做法**

1 洗净的南瓜切厚片，改切成块。

2 锅中注入适量清水烧开，倒入排骨块，余片刻后捞出，沥干水分，装盘备用。

3 用油起锅，倒入姜片、蒜末、葱段，爆香。

4 放入余好的排骨块，炒匀。

5 加入料酒、生抽、适量清水、盐、白糖，炒匀。

6 盖上盖，煮20分钟；揭盖，倒入南瓜块，续煮10分钟。

7 加入鸡粉、水淀粉，炒至入味，关火后盛出即可。

专家点评

排骨是孩子生长发育不可错过的食材，除含脂肪、维生素外，还含有大量磷酸钙、骨胶原、骨黏蛋白等营养物质，能有效促进儿童长高。

黄豆焖鸡翅

黄豆应煮熟、煮透，以免引起恶心、呕吐等症状。

• 原料

水发黄豆200克，鸡翅220克，姜片、蒜末、葱段各少许

• 调料

盐2克，鸡粉3克，生抽2毫升，料酒6毫升，水淀粉、老抽、食用油各适量

专家点评

黄豆中富含膳食纤维，儿童适量食用，可促进肠道蠕动，加快身体代谢的速度，从而促进长高。

看视频 学做菜

• 做法

1 将洗净的鸡翅斩成块，装入碗中。

2 放入1克盐、1克鸡粉、生抽、3毫升料酒，拌匀，倒入适量水淀粉，拌匀，腌渍15分钟。

3 用油起锅，放入姜片、蒜末、葱段，爆香。

4 倒入鸡翅，炒匀，淋入3毫升料酒，炒香，加入1克盐、2克鸡粉，炒匀调味。

5 倒入适量清水，放入黄豆，炒匀，放入老抽，炒匀上色。

6 盖上盖，用小火焖20分钟；揭盖，用大火收汁，倒入水淀粉勾芡。

7 将锅中的材料盛出，装入碗中即可。

香菇芹菜牛肉丸

- 原料

香菇30克，牛肉末200克，芹菜、蛋黄各20克，姜末、葱末各少许

- 调料

盐3克，鸡粉2克，生抽6毫升，水淀粉4毫升

- 做法

1　洗净的香菇切成丁，洗好的芹菜切成碎末。

2　取一个碗，放入牛肉末、芹菜末、香菇、姜末、葱末、蛋黄。

3　加入盐、鸡粉、生抽、水淀粉，搅匀，制成馅料，用手捏成丸子，装盘备用。

4　蒸锅中注清水烧开，放入备好的牛肉丸。

5　盖上盖，用大火蒸30分钟至熟；关火后揭开盖，取出蒸好的牛肉丸即可。

专家点评

本品适宜食欲不振、营养不良、身材瘦小、便秘的儿童食用。

肉末蒸蛋

- 原料

鸡蛋3个，肉末90克，姜末、葱花各少许

- 调料

盐、鸡粉各2克，生抽、料酒各2毫升，食用油适量

- 做法

1　用油起锅，放姜末爆香，倒入肉末，炒至变色，加生抽、料酒、1克鸡粉、1克盐，炒匀。

2　关火后盛出炒好的肉末，待用。

3　取一个小碗，打入鸡蛋，加1克盐、1克鸡粉调匀，分次注入温开水，调成蛋液。

4　取蒸碗，倒入蛋液，撇去浮沫，备用。

5　蒸锅中注清水烧开，放入蒸碗，蒸约10分钟，取出蒸碗，撒上肉末、葱花即可。

专家点评

猪瘦肉含有丰富的蛋白质和B族维生素，常食可补虚强身；搭配鸡蛋，能为儿童生长发育提供更为全面的营养，可常食。

糟熘鱼片

放入鱼片后应轻轻地搅动，以免将鱼肉搅碎。

看视频 学做菜

• 原料

草鱼肉300克，水发木耳100克，卤汁20毫升，姜片少许

• 调料

盐、鸡粉、胡椒粉各2克，水淀粉5毫升，食用油适量

• 做法

1 洗净的草鱼肉切成双飞片，装入碗中。

2 加入盐、1克鸡粉，倒入水淀粉，拌匀，腌渍10分钟。

3 锅中注清水烧开，倒入鱼片，略煮一会儿，捞出，沥干待用。

4 热锅注油，放入姜片，爆香，倒入卤汁、清水。

5 放入洗好的木耳，拌匀。

6 加入1克鸡粉、胡椒粉，搅匀调味。

7 倒入鱼片，略煮一会儿。

8 关火后将煮好的菜肴盛入盘中即可。

专家点评

本品有健脾养胃、益气补虚、补血养血等功效，适宜处于生长发育期的儿童食用，常食还能避免儿童营养不良、贫血。

豉香葱丝鳕鱼

• 原料

鳕鱼230克，葱丝、红椒丝各少许

• 调料

蒸鱼豉油10毫升，盐2克，料酒5毫升，食用油适量

• 做法

1 将处理好的鳕鱼装入碗中，加入盐、料酒，拌匀，腌渍入味。

2 取出电蒸锅，将腌好的鳕鱼装入盘中，再放入电蒸锅中，蒸约12分钟至熟。

3 取出蒸好的鳕鱼，撒上葱丝、红椒丝，淋上蒸鱼豉油。

4 热锅注油，烧至六七成热。

5 将烧好的热油淋在鳕鱼上即可。

专家点评

鳕鱼肉质细嫩，而且极易消化吸收，儿童常食可为机体补充足够的优质蛋白质。

蒸鱼蓉鹌鹑蛋

• 原料

熟鹌鹑蛋300克，鱼蓉150克，蛋清25克，葱花、姜末各少许

• 调料

盐3克，料酒5毫升，水淀粉4毫升，白胡椒粉、鸡粉各适量

• 做法

1 取一碗，倒入鱼蓉、姜末、葱花、蛋清。

2 加1克盐、白胡椒粉、2毫升水淀粉，拌匀。

3 将鱼蓉抓成多个团状，摆放在盘中，放上鹌鹑蛋，置于蒸锅中，蒸至熟后取出。

4 锅中加入清水、2克盐、鸡粉、白胡椒粉、料酒、2毫升水淀粉，调成芡汁，浇在食材上即可。

专家点评

鹌鹑蛋不仅味道鲜美，而且营养价值高，具有增强免疫力、促进骨骼及脑细胞发育等功效，学龄儿童可以每天适当吃一些。

韭菜花炒虾仁

韭菜花炒的时间不宜太长，以免影响其口感。

• 原料

虾仁85克，韭菜花110克，彩椒10克，葱段、姜片各少许

• 调料

盐、鸡粉各2克，白糖少许，料酒4毫升，水淀粉、食用油各适量

专家点评

虾仁具有高蛋白、低脂肪的特点，搭配韭菜花食用，具有增进食欲、益智增高、护肝明目等功效。

看视频 学做菜

• 做法

1 将洗净的韭菜花切长段，洗好的彩椒切粗丝。

2 把洗净的虾仁由背部切开，挑去虾线，装入碗中。

3 加入1克盐、2毫升料酒，倒入少许水淀粉，拌匀，腌渍约10分钟。

4 用油起锅，倒入腌好的虾仁，炒匀，撒上备好的姜片、葱段，炒香。

5 淋入2毫升料酒，炒至虾身呈亮红色，倒入彩椒丝，炒匀，放入韭菜花。

6 用大火炒至断生，转小火，加1克盐、鸡粉，撒上白糖，炒匀调味。

7 倒入适量水淀粉勾芡，关火后盛出炒好的食材即可。

娃娃菜煲

切好粉丝后要将其散开，以免将其煮成夹生，影响口感。

• 原料

豆腐140克，娃娃菜120克，水发粉丝80克，高汤200毫升，姜末、蒜末、葱丝各少许

• 调料

盐3克，鸡粉2克，料酒6毫升，食用油适量

专家点评

本品具有健脾补虚、促进消化、增进食欲等功效，非常适宜身材瘦小、体质虚弱、肠胃功能不好的儿童食用。

看视频 学做菜

• 做法

1 将洗净的豆腐切小块，洗好的娃娃菜切成小块，洗好的粉丝切小段。

2 锅中注清水烧开，分别将娃娃菜、豆腐焯水后捞出，待用。

3 用油起锅，放入姜末、蒜末、爆香，倒入焯好的娃娃菜，翻炒匀。

4 淋入料酒，炒香，注入高汤，放入豆腐块，加入盐、鸡粉，拌煮一小会儿。

5 放入粉丝段，拌匀，煮至变软，关火备用。

6 取一个干净的砂煲，盛入锅中的食材，置于旺火上，炖煮至食材熟透。

7 取下砂煲，撒上葱丝，趁热食用即可。

山药排骨煲

汤煮好后可以用汤勺将浮沫撇去，这样口感会更佳。

看视频 学做菜

• 原料

排骨段260克，胡萝卜170克，山药120克，葱条、姜片各少许

• 调料

料酒4毫升，盐、鸡粉各2克，胡椒粉3克

• 做法

1 洗净去皮的山药切厚片，备用。

2 洗好的胡萝卜去皮，切段，再切厚块，备用。

3 砂锅中注清水烧热，倒入排骨段、姜片、葱条，淋入料酒。

4 盖上盖，烧开后用小火煲约45分钟；揭开盖，倒入胡萝卜、山药，用小火煲约20分钟至食材熟透。

5 加入盐、鸡粉拌匀调味，拣出葱条，关火待用。

6 取一个汤碗，撒入胡椒粉，将煲好的排骨汤盛入汤碗中即可。

专家点评

此膳食富含儿童生长发育所需的蛋白质、钙、铁、维生素等多种营养物质，而且色彩搭配丰富，能增进儿童食欲。

看视频 学做菜

淡菜海带排骨汤

淡菜宜用温水清洗，这样能减轻其腥味。

• 原料

排骨段260克，水发海带丝150克，淡菜40克，姜片、葱段各少许

• 调料

盐、鸡粉各2克，胡椒粉少许，料酒7毫升

• 做法

1　锅中注清水烧开，放入排骨段，拌匀，淋入3毫升料酒，汆去血水后捞出，待用。

2　砂锅中清注水烧热，倒入汆过水的排骨段，撒上姜片、葱段，倒入洗净的淡菜、海带丝，淋入4毫升料酒。

3　盖上盖，烧开后用小火煮约50分钟。

4　揭盖，加入盐、鸡粉，撒上适量胡椒粉，拌匀，略煮片刻至汤汁入味。

5　关火后盛出煮好的汤，装入碗中即可。

专家点评

海带、淡菜、排骨中均含有丰富的蛋白质和钙质，能为儿童生长发育和长高补充足够的必需营养素，可常食。

鸡汤肉丸炖白菜

白菜煮的时间不宜过长，以免营养成分流失。

• 原料

白菜170克，肉丸240克，鸡汤350毫升

• 调料

盐、鸡粉各2克，胡椒粉适量

专家点评

白菜含有蛋白质、维生素C等营养成分，具有健脾、养胃、生津、润肠等功效，搭配富含优质蛋白质的肉丸，营养更全面，适宜食欲不佳的儿童食用。

看视频 学做菜

• 做法

1 将洗净的白菜切去根部，再切开，用手掰开。

2 在肉丸上切上花刀，备用。

3 砂锅中注入适量清水烧热。

4 倒入备好的鸡汤，放入切好的肉丸，拌匀，盖上盖，烧开后用小火煮20分钟。

5 揭盖，倒入白菜，搅拌均匀；加盐、鸡粉、胡椒粉，拌匀调味。

6 再用大火续煮5分钟至食材入味。

7 关火后盛出锅中的菜肴，装入碗中即可。

玉米胡萝卜鸡肉汤

可以在鸡汤里淋点料酒，这样可使汤水更鲜甜。

● 原料

鸡肉块350克，玉米块170克，胡萝卜120克，姜片少许

● 调料

盐、鸡粉各3克，料酒适量

看视频 学做菜

专家点评

本品荤素搭配，食材多样，色泽丰富，具有增进食欲、补虚强身、增强免疫力等功效，常食能预防儿童营养不良引起的发育迟缓、身材矮小等问题。

● 做法

1　洗净的胡萝卜切开，改切成小块，备用。

2　锅中注清水烧开，倒入备好的鸡肉块，加入料酒，氽去血水，撇去浮沫。

3　把氽好的鸡肉捞出，沥干水分，待用。

4　砂锅中注入适量清水烧开，倒入氽好的鸡肉块，放入胡萝卜、玉米块、姜片。

5　淋入料酒，拌匀，盖上盖，烧开后用小火煮约1小时。

6　揭盖，放入盐、鸡粉，拌匀调味。

7　关火后盛出煮好的鸡肉汤，装入碗中即可。

玉米须芦笋鸭汤

• 原料

鸭腿200克，玉米须30克，芦笋70克，姜片少许

• 调料

料酒8毫升，盐、鸡粉各2克

• 做法

1 将洗净的芦笋切段，鸭腿斩成小块。

2 锅中注清水烧开，倒入鸭腿块，放入4毫升料酒，拌匀，氽去血水后捞出，沥干水分，备用。

3 砂锅注清水烧开，放入姜片、鸭腿块、玉米须、4毫升料酒，拌匀，煮约40分钟，倒入芦笋。

4 加入鸡粉、盐，拌匀调味，盛出装碗即可。

专家点评

鸭肉具有温补、养胃、止咳化痰等作用，有发热、咳嗽症状的儿童食用效果更佳。

豆腐紫菜鲫鱼汤

• 原料

鲫鱼300克，豆腐90克，水发紫菜70克，姜片、葱花各少许

• 调料

盐3克，鸡粉2克，料酒、胡椒粉、食用油各适量

• 做法

1 豆腐切小方块；用油起锅，放姜片爆香。

2 倒入处理好的鲫鱼，煎至两面焦黄，加入料酒、清水、盐、鸡粉，拌匀，烧开后煮3分钟。

3 倒入备好的豆腐、紫菜，加入胡椒粉，拌匀，续煮2分钟，关火，把鲫鱼盛入碗中。

4 再倒入余下的汤，撒上备好的葱花即可。

专家点评

鲫鱼肉质细嫩，而且富含优质蛋白质和多种矿物质，是促进儿童益智长高的优质食材。

看视频 学做菜

花生瘦肉泥鳅汤

花生可以先滑油再煮制，这样汤的口感会更好。

• 原料

花生200克，瘦肉300克，泥鳅350克，姜片少许

• 调料

盐3克，胡椒粉2克

• 做法

1 处理好的瘦肉切成块待用。

2 锅中注清水烧开，倒入瘦肉，氽去血水杂质，捞出待用。

3 砂锅中注清水烧热，倒入瘦肉、花生、姜片，搅拌片刻。

4 盖上锅盖，烧开后转小火煮1个小时。

5 掀开锅盖，倒入处理好的泥鳅。

6 加入盐、胡椒粉，搅匀续煮5分钟，使食材入味。

7 关火后将煮好的汤盛出装入碗中即可。

专家点评

花生是食用非常广泛的一种坚果，又名"长生果"，具有益智健脑、润肠通便、增强免疫力等功效，能促进儿童大脑以及骨骼的健康发育；搭配瘦肉和泥鳅同食，营养更全面。

生蚝豆腐汤

放入豆腐后，轻微搅动即可，以免将豆腐弄碎了。

• 原料

豆腐200克，生蚝肉120克，鲜香菇40克，姜片、葱花各少许

• 调料

盐3克，鸡粉、胡椒粉各少许，料酒4毫升，食用油适量

专家点评

本品具有益智健脑、清热解毒、滋润肌肤、增强免疫力等功效，还能为机体补充足够的优质蛋白质和钙质，学龄儿童常食，可以让骨骼更健壮。

看视频 学做菜

• 做法

1 将洗净的香菇切成粗丝；洗好的豆腐切开，再切成小方块。

2 锅中注入适量清水烧开，分别将豆腐、生蚝肉焯水后捞出，待用。

3 用油起锅，放入姜片，爆香，再倒入切好的香菇丝，翻炒均匀。

4 放入生蚝肉，翻炒几下，淋入料酒，炒香，注入适量清水，拌匀。

5 盖上盖，用大火煮一会儿至汤汁沸腾。

6 揭盖，倒入豆腐块，加入盐、鸡粉，拌匀调味。

7 待汤汁沸腾时撒上胡椒粉，煮至入味，关火后盛出煮好的汤，撒上葱花即可。

桂圆红枣银耳羹

银耳焯水和煮制的时间均不宜太久，以免影响口感。

• 原料

水发银耳150克，红枣30克，桂圆肉25克

• 调料

苏打粉3克，白糖20克，水淀粉10毫升

看视频 学做菜

专家点评

银耳含有蛋白质、维生素A、维生素D及钙、磷、铁等营养成分，具有促进长高、润肺养胃、补脑提神等功效，儿童可以适量食用。

• 做法

1 洗好的银耳切去黄色根部，再切碎，备用。

2 锅中注入适量清水烧开，放入切好的银耳，加入苏打粉，拌匀，煮2分钟。

3 捞出焯好的银耳，待用。

4 砂锅中注入适量清水烧开，放入备好的桂圆、红枣、银耳。

5 盖上盖，用小火煮30分钟；揭盖，倒入水淀粉，拌匀。

6 加入白糖，拌匀调味，煮至汤汁浓稠。

7 关火后盛出煮好的食材，装入碗中即可。

香蕉榛果奶昔

• 原料

香蕉300克，配方奶粉30克，榛子仁粉45克

• 调料

白糖适量

• 做法

1 取一个杯子，倒入榛子仁粉、奶粉、适量温开水，拌匀；将香蕉去皮，果肉切成块。

2 取榨汁机，放入香蕉，倒入调好的奶粉汁。

3· 盖上盖，启动榨汁机，榨取果汁。

4 将榨好的果汁倒入杯中，加入适量白糖，拌匀即可。

看视频 学做菜

专家点评

本品具有润肠通便、开胃消食、益智增高等功效，可作为孩子的日常常备饮品。

西红柿芹菜汁

• 原料

西红柿、芹菜各200克

• 做法

1 将洗净的芹菜切成粒状，备用。

2 洗净的西红柿切成小块，待用。

3 取榨汁机，选择搅拌刀座组合，倒入切好的芹菜、西红柿。

4 注入少许矿泉水，盖上盖。

5 通电后选择"榨汁"功能，榨一会儿，使食材榨出汁。

6 断电后倒出榨好的西红柿芹菜汁，装入小碗中即可。

专家点评

处于生长发育期的孩子可每天适量饮用自制的蔬果汁，不仅健康卫生，而且营养丰富。

看视频 学做菜

Part 6

青春期,
挑战生长障碍长更高

　　青春期,是孩子身高的另一快速生长期,也是孩子长高的最后机会。作为家长,即使再忙碌,也要停下脚步,多给孩子一些关爱,守护好孩子的青春岁月,不要留有遗憾。就从学习这些为青春期孩子量身定制的长高食谱开始吧!

身高特点

青春期是指第二性征发育起步到完全成熟的一段时期，一般指13～18岁这一阶段。由于生长激素和性激素的催化作用，青春期孩子的长高会非常显著。青春期过后，孩子的骨骺渐渐闭合，骨骼的生长也会逐渐停止，错过这一长高的关键期，孩子再想长高会非常困难。因此，家长要密切关注孩子在青春期各方面的变化，及时调整孩子的身体与心理状况，帮助孩子顺利地度过长高的突增期。

{ 身高标准对照表 }

标准 身高（厘米） 年龄	男			女		
	−2SD	中位数	+2SD	−2SD	中位数	+2SD
13岁	144.0	159.5	175.1	144.2	156.3	168.3
14岁	151.5	165.9	180.2	147.2	158.6	169.9
15岁	156.7	169.8	182.8	148.8	159.8	170.8
16岁	159.1	171.6	184.0	149.2	160.1	171.0
17岁	160.1	172.3	184.5	149.5	160.3	171.0
18岁	160.5	172.7	184.7	149.8	160.6	171.3

孩子进入青春期，身高长势惊人，一般每年可增高8厘米左右，有的可达10～11厘米。整个青春期下来，女孩平均可长25厘米，男孩可长30厘米。

一般女孩会比男孩早进入青春期。女孩从10岁左右开始进入快速生长期，同时乳房也开始发育，在13岁左右迎来初潮，此时生长速度最快，一般长到19～23岁停止。而男孩总体上比女孩晚两年进入青春期，即从12～14岁开始进入快速生长期，一般长到23～26岁才停止。

长高妙招

在孩子长高的最后冲刺阶段，家长要从饮食、运动、睡眠、心理等方面多管齐下，充分掌握和理解青春期孩子的特性，把握住孩子长高的最后机会。

 ## 饮食助长高

吃得多、长得快，是孩子这一时期的突出特点。因此，青春期孩子的饮食要注重营养均衡、荤素搭配，全面补充身体所需的各种营养素，并适当增加热量、钙质、微量元素的补充，以跟上成长的需求。家长需要多花些心思，观察孩子的身体变化，及时发现孩子青春期开始的讯号，以便调整好孩子的饮食。

一般而言，由于生理上的差异，青春期女孩与男孩的饮食重点应略有不同。女孩一旦开始发育，身体会出现脂肪堆积的生理特征，因此饮食最好是供给含有适量脂肪、高蛋白质、高维生素以及适量纤维素的食物，可增加饮食中蔬果、豆类、瘦肉、鱼类的摄入量。而男孩可多补充脂类食物，但每天摄入的脂类食物总量不宜超过淀粉食物总量，并适当增加维生素和纤维素的摄入量，可多食用谷物类、肉类、蛋类、鱼类以及蔬果类。同时，要防止孩子过量摄入滋补品或者高脂肪食品，避免早熟及骨骺提前闭合而影响孩子身高增长。

{ 青春期孩子每日增高饮食指导 }

	营养菜单	长高明星食材
早餐	鲜牛奶、茶叶蛋、鲈鱼西蓝花粥、包子	大米、牛奶、鸡蛋、红枣、豆腐、西红柿、芥菜、银耳、猪肉、鸡肉、鸭肉、鸽肉、牛肉、鲈鱼、草鱼、虾、苹果、核桃、花生
午餐	米饭、虾米蒸花蛤、粉蒸牛肉、圣女果酸奶沙拉、黑豆核桃乌鸡汤	
晚餐	芥菜肉丝炒饭、西红柿炒山药、葱椒鱼片、红薯银耳莲子汤	
加餐 1 ~ 2 次	酸奶、面包、饼干、苹果、梨、香蕉	

02 睡眠助长高

青春期是孩子身高的冲刺阶段，必须要有充足的睡眠才能让孩子精神饱满，长出高个儿。在时间方面，至少要保证9小时左右优质睡眠，不可过多也不可过少，最好在晚上10点前入睡。而且，由于生长加速，青春期的孩子一般睡眠偏多，最好每天安排一次午睡，半小时即可。这样孩子下午的学习时间才会精力充沛，晚饭也会吃得更香，对孩子长高也会更有帮助。另外，青春期的孩子一般学习压力大、情绪多变，容易出现睡不好、失眠等情况，这时就要学会减压。最好在睡前半小时就结束学习，听听轻音乐，做些放松的活动或洗个热水澡等。

03 运动助长高

青春期孩子可选择的运动项目更为广泛，在不影响正常学习和生活的情况下，运动强度和时间都可以适当增加。各种伸展运动，包括健美操、增高体操、游泳以及在单、双杠上进行引体向上、悬垂、摆动等，以及各种球类运动，尤其是篮球、排球、羽毛球等运动项目，都可以让孩子多参加。以下具体介绍3种青少年增高体操，按照文中所述步骤，孩子在家就能进行增高锻炼。每日一次，每次锻炼持续45~60分钟。

○ 三角式体操

深呼吸，跳步分开两腿，两脚距离90～100厘米。平伸双臂，与肩膀齐平，掌心朝下，手臂与地面保持平行，右脚向左转90°，左脚稍转向右，左腿从内侧保持伸展，膝部绷直。向右侧弯曲身体，右手掌接近右脚踝，向上伸展左臂，与肩成一直线。腿后部、后背以及臀部应该在一条直线上，两眼注视向上伸展的左手拇指，保持上身挺直。持续动作半分钟到1分钟。左右交替进行。每日早晚各练习一次，每次3～5分钟。

○ 树式体操

站立姿势准备。弯曲左腿，把左脚跟放在右大腿的根部，脚掌放于右大腿内侧，脚趾向下。以右腿保持平衡，平伸手臂，掌心朝下。伸直手臂举过头顶，保持动作5秒钟，深呼吸。然后放下手臂和左腿，慢慢回到站立姿势。左右脚交替进行。每日早晚各练习一次，每次3~5分钟。

○ 空中跳绳体操

以自然姿势站立，双脚并拢，双手握拳，拳心朝前。按照跳绳的要领，下蹲，利用足尖和膝盖的弹力做原地跳跃。跳起，双臂往前挥动，跳跃高度为10厘米左右。落下回到原地，下蹲，利用足尖和膝盖的弹力再次做原地跳跃。跳起，双臂向后挥动，跳跃高度为10厘米左右。注意脚跟不能着地，双臂往前、向后绕，交替练习60次。

04 按摩助长高

选穴：涌泉穴、太溪穴、关元穴、命门穴。

定位：涌泉穴位于足前部凹陷处第2、3趾趾缝纹头端与足跟连线的前三分之一处；太溪穴位于足内侧，内踝后方与脚跟骨筋腱之间的凹陷处；关元穴在下腹部，前正中线上，当脐中下3寸；命门穴在第2腰椎与第3腰椎棘突之间。

方法：用一只手握住孩子脚踝，用拇指指腹在涌泉穴处进行上下、左右的摩擦推揉，直至足心发红温热为止；一手握住孩子脚背，用另一手的拇指点按太溪穴50次；将手掌放在关元穴上，然后快速、小幅度地上下颤动1分钟；用双掌摩擦命门穴，当感到该处穴位发热时，将双掌按在孩子腰部两侧1分钟。

功效：促进骨细胞的生长，使孩子的骨骼更加粗长、健壮、牢固。

看视频 学做菜

苹果梨香蕉粥

• 原料

水发大米80克，香蕉90克，苹果75克，梨60克

• 做法

1 洗好的苹果切开，去核，削皮，切小丁块。

2 洗净的梨去皮，切成丁；香蕉去皮，果肉剁碎，备用。

3 锅中注清水烧开，倒入洗净的大米，拌匀。

4 盖上锅盖，烧开后用小火煮约35分钟至大米熟软。

5 揭开锅盖，倒入梨、苹果，再放入香蕉，搅拌片刻，用大火略煮片刻。

6 关火后盛出煮好的水果粥，装入碗中即可。

专家点评

大米搭配多种水果熬粥，具有健脾开胃、促进消化、润肠通便等功效，适宜脾胃虚弱，易疲劳、焦虑的青春期孩子食用。

鸡蛋瘦肉粥

• 原料

水发大米110克，鸡蛋1个，瘦肉60克，葱花少许

• 调料

盐、鸡粉各2克

• 做法

1 将鸡蛋打入碗中，打散调匀，制成蛋液；洗净的瘦肉剁成肉末。

2 锅中注清水烧开，倒入大米，搅拌几下，煮约30分钟，放入肉末，煮至肉末松散。

3 加盐、鸡粉，拌匀调味，放入备好的蛋液，边倒边搅拌，煮至液面浮起蛋花。

4 撒上葱花，搅拌匀，至散发出葱香味。

5 关火后将煮好的瘦肉粥装入碗中即可。

看视频 学做菜

专家点评

蛋黄中富含卵磷脂、钙、磷、铁、维生素A、维生素D以及B族维生素，这些成分对促进孩子的骨骼发育都非常有益。

鲈鱼西蓝花粥

西蓝花比较脆，也可以用手掰开。

看视频 学做菜

• 原料

水发大米120克，鲈鱼150克，西蓝花75克，枸杞少许

• 调料

盐、鸡粉各2克，水淀粉适量

• 做法

1 西蓝花切去根部，切成小朵；鲈鱼取鱼肉，切成细丝。

2 将鱼肉丝装入碗中，加入盐、鸡粉、水淀粉，拌匀，腌渍10分钟。

3 砂锅中注清水烧开，倒入大米、枸杞，拌匀。

4 盖上盖，煮约30分钟；揭开盖，倒入西蓝花，拌匀，再盖上盖，用小火续煮约10分钟。

5 揭开盖，放入鱼肉丝，搅拌匀，用大火煮至熟，关火后盛出煮好的食材即可。

专家点评

常喝此粥能起到健脾养胃、补虚强身、增强免疫力的作用，还有助于提高肝脏的解毒能力，从而达到预防疾病的效果。

胡萝卜芹菜肉丝炒面

• 原料

胡萝卜90克，芹菜50克，洋葱60克，蒜苗30克，熟圆面180克，瘦肉40克

• 调料

盐、鸡粉、白胡椒粉各2克，料酒5毫升，老抽3毫升，生抽10毫升，水淀粉4毫升，食用油适量

看视频 学做菜

专家点评

本品具有开胃消食、促进新陈代谢、补虚强身等功效，适宜食欲不振、营养不良、便秘、体弱的孩子食用。

• 做法

1 将洗净的洋葱切丝；胡萝卜去皮，切成丝。

2 把洗好的芹菜切成段，洗净的蒜苗切段，备用。

3 将瘦肉切成丝，装入碗中，加入1克盐、白胡椒粉、料酒、5毫升生抽、水淀粉，拌匀。

4 倒入少许食用油，腌渍10分钟。

5 热锅注油烧热，倒入肉丝，翻炒至转色。

6 倒入胡萝卜、芹菜、洋葱，放入熟圆面，炒匀，淋入5毫升生抽、老抽，炒香。

7 倒入蒜苗段，加入1克盐、鸡粉，翻炒入味，关火后盛出即可。

鸡蛋炒面

鸡肉丁最好切得小一些，这样炒的时候更易熟透。

看视频 学做菜

• 原料

熟面条350克，鸡蛋液100克，葱花少许

• 调料

盐2克，鸡粉少许，生抽4毫升，食用油适量

• 做法

1 将鸡蛋液搅散，调匀，待用。

2 用油起锅，倒入调好的蛋液，炒匀，炒至五六成熟，关火后盛出，待用。

3 另起锅，注入少许食用油烧热，撒上葱花，炸香。

4 倒入备好的熟面条，炒匀，放入炒过的鸡蛋，拌匀。

5 淋上生抽，加入盐、鸡粉，翻炒一会儿，至食材入味，关火后盛出面条，装入盘中即可。

专家点评

面条的主要营养成分有蛋白质、脂肪、糖类等，且易于消化吸收，有改善贫血、增强免疫力、平衡营养吸收等功效，青春期孩子可经常食用，对强身健体非常有益。

南瓜枸杞燕麦豆浆

• 原料

南瓜80克，枸杞15克，水发黄豆45克，燕麦40克

• 调料

冰糖适量

• 做法

1 洗净去皮的南瓜切成块，备用。

2 将已浸泡8小时的黄豆倒入碗中，放入燕麦，注入清水，搓洗干净，滤干水分。

3 把洗好的食材倒入豆浆机中，放入南瓜、枸杞、冰糖，注入适量清水，至水位线。

4 盖上豆浆机机头，启动豆浆机；待豆浆机运转约20分钟，即成豆浆。

5 将豆浆机断电，取下机头，滤取豆浆。

6 将滤好的豆浆倒入碗中，撇去浮沫即可。

专家点评

常食燕麦，既能帮助孩子补充营养，又能预防因营养过剩而引发的身材矮小等问题。

糙米花生浆

• 原料

水发糙米70克，花生米20克

• 调料

白糖适量

• 做法

1 把已浸泡4小时的糙米、花生米装入碗中，倒入适量清水，搓洗干净，沥干水分。

2 将糙米、花生米倒入豆浆机中，注入适量清水，至水位线。

3 盖上豆浆机机头，启动豆浆机，开始打浆。

4 待豆浆机运转约15分钟，即成豆浆。

5 将豆浆机断电，取下机头，把煮好的豆浆倒入碗中，撒入白糖，拌匀即可。

专家点评

糙米中富含维生素和纤维素，能预防便秘；糙米中还含有钙和铁，能为孩子长高补充足够的"骨"本，预防贫血。

百合枣莲双黑豆浆

煮好的豆浆中加适量白糖，可使豆浆口感更佳。

• 原料

百合15克，莲子10克，红枣8克，水发黑豆50克，水发黑米40克

专家点评

百合有滋阴润肺、养心安神的功效，适当食用能促进孩子的睡眠，加快体内激素的分泌，促进长高。

看视频 学做菜

• 做法

1 将已浸泡8小时的黑豆倒入碗中，放入洗好的黑米、莲子、红枣，加入适量清水。

2 用手搓洗干净，将洗净的食材倒入滤网中，沥干水分，备用。

3 把洗好的食材倒入豆浆机中，放入备好的百合，注入适量清水，至水位线。

4 盖上豆浆机机头，启动豆浆机，开始打浆。

5 待豆浆机运转约20分钟，即成豆浆。

6 将豆浆机断电，取下机头；把煮好的豆浆倒入滤网中，滤取豆浆。

7 将滤好的豆浆倒入杯中，用汤匙撇去浮沫即可。

拔丝苹果

切好的苹果最好放入凉水中浸泡，以防氧化变黑。

• 原料

去皮苹果2个，高筋面粉90克，泡打粉60克，熟白芝麻20克

• 调料

白糖40克，食用油适量

看视频 学做菜

专家点评

高筋面粉中富含糖类和蛋白质，具有维持体内钾钠平衡、消除水肿、提高免疫力、预防贫血等功效，能为青春期孩子骨骼的生长发育提供充足的蛋白质和热量。

• 做法

1 洗净的苹果切开，去核，改切成块。

2 取一碗，倒入部分高筋面粉、泡打粉、清水，制成面糊，待用。

3 取一盘，放入苹果，撒上剩余的高筋面粉，混匀，备用。

4 将苹果块倒入面糊中，拌匀，使其充分混合。

5 热锅注油，烧至五成热，放入苹果块，油炸约3分钟后捞出，沥干油待用。

6 锅底留油，加入白糖，拌煮约2分钟。

7 倒入苹果块，炒匀，关火后盛出，撒上熟白芝麻即可。

蒜香豉油菜心

• 原料

菜心120克，蒸鱼豉油25毫升，蒜末、红椒圈各少许

• 调料

盐2克，食用油适量

• 做法

1 锅中注清水烧开，加入少许食用油、盐，拌匀，倒入洗净的菜心，用大火煮至变软。

2 捞出菜心，沥干水分，待用。

3 用油起锅，倒入蒜末、红椒圈，爆香。

4 倒入焯过水的菜心，放入蒸鱼豉油，炒匀。

5 关火后盛出炒好的菜肴即可。

看视频 学做菜

专家点评

菜心具有健脾养胃、利尿通便、清热解毒等功效，处于生长发育期的孩子可常食。

豆角烧茄子

• 原料

豆角130克，茄子75克，肉末35克，红椒25克，蒜末、姜末、葱花各少许

• 调料

盐、鸡粉各2克，白糖少许，料酒4毫升，水淀粉、食用油各适量

• 做法

1 热油锅中分别将切好的茄子条、豆角段炸好后捞出；用油起锅，倒入肉末，炒至变色。

2 加姜末、蒜末、切好的红椒末，炒香，倒入炸好的食材，加盐、白糖、鸡粉、料酒，炒匀。

3 用水淀粉勾芡，盛出装碗，撒上葱花即可。

专家点评

本品有增进食欲、健脾养胃、清热解毒等功效，适宜食欲不振、疲劳乏力的孩子食用。

看视频 学做菜

看视频 学做菜

西红柿炒山药

切好的山药要放入水中浸泡，否则容易氧化变黑。

• 原料

去皮山药200克，西红柿150克，大葱15克，大蒜5克

• 调料

盐、白糖各2克，鸡粉3克，水淀粉、食用油各适量

• 做法

1 山药切成块状，西红柿切成小瓣，大蒜切片，大葱切段。

2 锅中注入适量清水烧开，加入1克盐、食用油，倒入山药，焯片刻至食材断生。

3 关火，将焯好的山药捞出，装盘备用。

4 用油起锅，倒入大蒜、部分葱段、西红柿、山药，炒匀，加入盐、白糖、鸡粉，炒匀。

5 倒入水淀粉，炒匀，加入剩余葱段，翻炒约2分钟至熟。

6 关火后盛出炒好的食材，装入盘中即可。

专家点评

西红柿中含有丰富的维生素C，是孩子长高必不可少的营养元素；搭配有健脾胃、强筋骨功效的山药同食，效果尤佳。

酱爆藕丁

豌豆可先用油炸熟再烹制，能给菜肴增添风味。

• 原料

莲藕丁270克，熟豌豆50克，熟花生米45克，葱段、干辣椒各少许

• 调料

盐2克，鸡粉、白糖各少许，食用油适量，甜面酱30克

专家点评

本品食材多样，营养美味，具有增进食欲、养血健脾等功效，有助于改善孩子食欲不佳、体质虚弱、营养不良等症状。

看视频 学做菜

• 做法

1 锅中注入适量清水，用大火烧开。

2 倒入备好的莲藕丁，拌匀，煮约1分钟，至其断生后捞出，沥干水分，待用。

3 用油起锅，撒上葱段、干辣椒，爆香。

4 倒入焯过水的藕丁，炒匀，注入少许清水，放入甜面酱，炒匀。

5 加入少许白糖、盐、鸡粉，用大火翻炒一会儿。

6 关火后盛出炒好的材料，装入盘中。

7 再撒上熟豌豆、熟花生米即可。

胡萝卜凉薯片

- 原料

去皮凉薯200克，去皮胡萝卜100克，青椒25克

- 调料

盐、鸡粉各1克，蚝油5克，食用油适量

- 做法

1　洗净的凉薯切片；洗好的胡萝卜切薄片；洗净的青椒切开，去籽，切成块。

2　热锅注油，倒入胡萝卜、凉薯，炒约2分钟至食材熟透。

3　倒入切好的青椒，加入盐、鸡粉，炒拌。

4　注入少许清水，炒匀，放入蚝油。

5　翻炒约1分钟至入味。

6　关火后将菜肴盛出，装盘即可。

专家点评

凉薯含有人体所必需的钙、铁、锌、铜、磷等多种元素，有利于骨骼生长，还可以缓解孩子感冒发热、头痛等症。

看视频 学做菜

芝麻双丝海带

- 原料

水发海带85克，青椒45克，红椒25克，姜丝、葱丝、熟白芝麻各少许

- 调料

盐、鸡粉各2克，生抽4毫升，陈醋7毫升，辣椒油6毫升，芝麻油5毫升

- 做法

1　红椒、青椒切细丝，海带切丝，再切长段。

2　开水锅中倒入海带，煮至断生，放入青椒、红椒，拌匀，略煮后捞出，待用。

3　取一碗，倒入焯好的食材、姜、葱，拌匀。

4　加盐、鸡粉、生抽、陈醋、辣椒油、芝麻油，拌匀，撒上熟白芝麻，搅拌匀即可。

看视频 学做菜

专家点评

海带是一种营养价值很高的蔬菜，含有丰富的钙、碘、锌等矿物元素，这些元素都对促进孩子身高增长十分有益。

核桃香煸苦瓜

苦瓜可事先加入盐腌渍一会儿，能减轻苦味。

看视频 学做菜

• 原料

苦瓜350克，胡萝卜
60克，彩椒15克，
核桃仁30克，葱条
20克

• 调料

盐、鸡粉各2克，白
糖3克，水淀粉10毫
升，食用油适量

• 做法

1　洗好的彩椒切条；胡萝卜切细条形；苦瓜切开，去籽，切细
　　条形；葱条切成段，备用。

2　锅中注清水烧开，加1克盐、食用油，煮至沸，分别将核桃
　　仁、胡萝卜、苦瓜、彩椒焯水后捞出，待用。

3　热锅注油烧热，倒入核桃仁，炸出香味，捞出，装盘待用。

4　用油起锅，倒入葱段，爆香，放入焯好的彩椒、胡萝卜、苦
　　瓜，炒匀，加入1克盐，注入少许清水，炒匀。

5　加白糖、鸡粉、水淀粉，炒至入味，放入核桃仁，炒匀即可。

专家点评

苦瓜有清热解毒的功效，胡萝卜能补肝明目，搭配核桃与彩椒
同食，能为孩子长高补充丰富的营养，并增进孩子食欲。

看视频 学做菜

菠菜甜椒沙拉

菠菜焯水的时间不宜过长，以免影响口感。

• 原料

菠菜60克，洋葱40克，彩椒25克，西红柿、玉米粒各50克

• 调料

橄榄油10毫升，蜂蜜、盐各少许

• 做法

1 西红柿切成片，待用；彩椒切开，去籽，切丁。

2 洋葱切小块，菠菜切段，待用。

3 锅中注入适量清水烧开，倒入备好的玉米、彩椒、菠菜，搅匀，煮至断生。

4 将食材捞出，放入凉水中过凉，捞出，沥干水分。

5 将食材装入碗中，放入洋葱，加入盐、蜂蜜、橄榄油，拌至食材入味。

6 取一盘，点缀上西红柿，再盛入拌好的食材即可。

专家点评

菠菜中所含的胡萝卜素，在人体内转变成维生素A，能维护孩子的正常视力和上皮细胞的健康，增强其抵抗传染病的能力，促进生长发育。

浇汁山药盒

制作山药盒时，肉馅不宜太多，以免将生坯蒸散。

• 原料

芦笋160克，山药120克，肉末70克，葱花、姜末、蒜末各少许，高汤250毫升

• 调料

盐、鸡粉、生粉、水淀粉、食用油各适量

专家点评

芦笋富含多种氨基酸、蛋白质、维生素以及微量元素，可促进骨骼生长，增强孩子的抗病能力。

看视频 学做菜

• 做法

1　将去皮洗净的山药切成片，芦笋切除根部，备用。

2　把肉末装入碗中，加鸡粉、盐、水淀粉、葱花、姜末、蒜末，拌匀，制成肉馅，待用。

3　锅中注清水烧开，加盐、鸡粉、食用油，倒入芦笋，断生后捞出，待用。

4　取山药片，滚上生粉，放入肉馅，再盖上一片山药，捏紧，制成山药盒生坯，待用。

5　蒸锅置火上烧开，放入山药盒生坯，蒸15分钟后取出。

6　炒锅置火上烧热，注入高汤，加盐、鸡粉、水淀粉，调成味汁。

7　取一个盘子，放入芦笋、山药盒，摆好，再浇上味汁即可。

酱香西蓝花豆角

蔬菜焯水时间不宜过长，焯至断生即可。

• 原料

西蓝花230克，豆角段180克，熟五花肉片50克，红椒、青椒各30克，洋葱35克，姜片少许

• 调料

盐3克，鸡粉2克，水淀粉4毫升，食用油适量，豆瓣酱20克

专家点评

本品荤素搭配，具有健脾开胃、促进消化、补虚强身等功效，能为青春期孩子的骨骼生长补充足够的营养物质。

看视频 学做菜

• 做法

1 洋葱切成小块，青椒去籽切片；红椒去籽切片。

2 锅中注入适量清水烧开，放入1克盐、食用油，倒入豆角段，拌匀，煮至断生。

3 加入备好的西蓝花，煮至转色。

4 把煮好的豆角和西蓝花捞出，沥干水分。

5 用油起锅，放入姜片、肉片、豆瓣酱，炒匀。

6 倒入焯好的豆角和西蓝花，翻炒均匀，放2克盐、鸡粉，加清水，炒匀。

7 用水淀粉勾芡，放入青椒、红椒、洋葱，炒匀，盛出装盘即可。

玉米烧排骨

玉米可以切得小块点，这样会更方便食用。

看视频 学做菜

• 原料

玉米300克，红椒50克，青椒40克，排骨500克，姜片少许

• 调料

料酒8毫升，生抽5毫升，盐3克，鸡粉2克，水淀粉4毫升，食用油适量

• 做法

1 洗净的玉米切小块；洗好的红椒、青椒切开，去籽，切段。

2 锅中注清水烧开，倒入排骨，汆去血水，捞出，沥干待用。

3 热锅注油烧热，倒入姜片，爆香，倒入排骨，淋入料酒、生抽，翻炒匀，注入适量清水。

4 倒入玉米块，加入盐，翻炒片刻，盖上盖煮开后转小火焖25分钟至熟透。

5 揭盖，倒入红椒、青椒，翻炒均匀，加入鸡粉，炒匀提鲜。

6 倒入水淀粉，炒匀收汁；关火，将炒好的菜盛出即可。

专家点评

排骨具有健脾养胃、强身健体、养血健骨等功效，可为骨骼快速生长补充足够的营养物质。若常喝排骨汤，效果更佳。

豆瓣酱烧鸡块

• 原料

鸡肉块450克，葱结、蒜头、姜片各少许，香叶、八角各适量

• 调料

盐2克，白糖少许，料酒4毫升，生抽5毫升，黄豆酱25克，食用油适量

• 做法

1 用油起锅，倒入洗净的鸡肉块，炒至变色，放入香叶、八角、姜片、蒜头，炒出香味。

2 淋上料酒、生抽，炒匀，倒入黄豆酱，炒香，注入适量清水。

3 加入盐、白糖，倒入葱结，拌匀。

4 盖上盖，烧开后转小火煮约20分钟。

5 揭盖，转大火，快速翻炒至汤汁收浓即可。

看视频 学做菜

专家点评

鸡肉中的营养易被人体吸收利用，有强壮身体的作用，是青春期孩子的食补佳品。

酸豆角炒鸭肉

• 原料

鸭肉500克，酸豆角180克，朝天椒40克，姜片、蒜末、葱段各少许

• 调料

盐、鸡粉各3克，白糖4克，料酒10毫升，生抽、水淀粉各5毫升，豆瓣酱10克，食用油适量

• 做法

1 开水锅中分别将切好的酸豆角、鸭肉焯水后捞出；用油起锅，放入葱段、姜片、蒜末、切好的朝天椒，爆香。

2 倒入鸭肉、料酒、豆瓣酱和生抽，炒匀。

3 放入清水、酸豆角、盐、鸡粉、白糖，炒匀，焖20分钟，再用水淀粉勾芡即可。

看视频 学做菜

专家点评

鸭肉可补虚强身、清热健脾，体虚瘦弱的孩子可多进补鸭肉。此外，鸭肉中的钙、铁、蛋白质含量较高，对生长发育有益。

红烧卤乳鸽

食用时可配上少许椒盐，
味道会更佳。

• 原料

净乳鸽400克，姜片、葱结各
适量

• 调料

盐4克，老抽4毫升，料酒6毫
升，生抽8毫升，食用油适
量，蜂蜜少许，卤料包1袋

专家点评

乳鸽滋味鲜美、肉质细
嫩，滋养作用较强，具有
美容养颜、强身健体、增
高助长等功效。

看视频 学做菜

• 做法

1　锅中注入适量清水烧热，放入备好的卤料包。

2　撒上姜片、葱结，放入盐、生抽、料酒、老抽，大火煮沸后改小火煮约6分钟成卤水。

3　关火后将锅中卤水与处理好的乳鸽一起装入碗中，静置约10小时。

4　取腌好的乳鸽，沥干卤水，放在盘中。

5　抹上适量蜂蜜，再静置约10分钟。

6　热锅注油烧热，放入卤乳鸽，炸约4分钟，边炸边浇油，至食材熟透。

7　关火后盛出乳鸽，沥干油；食用时斩成小块，摆放在盘中即可。

红枣板栗焖兔肉

可以将红枣去核后再煮，这样更方便食用。

• 原料

兔肉块230克，板栗肉80克，红枣15克，姜片、葱条各少许

• 调料

料酒7毫升，盐、鸡粉各2克，胡椒粉3克，芝麻油3毫升，水淀粉10毫升，食用油适量

专家点评

红枣的维生素含量非常高，具有补中益气、养血安神的功效。青春期孩子每日食用几颗，可有效预防或改善贫血症状。

看视频 学做菜

• 做法

1 锅中注清水烧开，倒入兔肉块，氽片刻。

2 淋入3毫升料酒，放入姜片、葱条，略煮，捞出，待用。

3 用油起锅，放入兔肉块，炒匀，倒入姜片、葱条，爆香。

4 淋入4毫升料酒，炒匀，注入适量清水，倒入红枣、板栗肉，烧开后用小火焖40分钟。

5 加入盐，拌匀，用中小火焖约15分钟。

6 加入鸡粉、胡椒粉、芝麻油，转大火收汁，用水淀粉勾芡。

7 关火后盛出焖煮好的菜肴即可。

花豆炖牛肉

切好的牛肉可以用刀背拍打一下，牛肉口感会更好。

• 原料

牛肉160克，水发花豆120克，姜片少许

• 调料

盐2克，鸡粉3克，料酒6毫升，生抽4毫升，食用油适量

• 做法

1 将洗净的牛肉切条，改切块。

2 锅中注入适量清水烧开，倒入牛肉，汆去血水，捞出，沥干水分，待用。

3 用油起锅，放入姜片，爆香，倒入牛肉，炒匀。

4 放入料酒、生抽，再加入适量清水，加入花豆，放入盐。

5 加盖，大火烧开后用小火炖2小时。

6 揭盖，放入鸡粉，炒匀；关火后将菜肴盛出装盘即可。

专家点评

牛肉中的肌氨酸含量比其他肉类食品都高，它对增长肌肉、增强力量特别有效，有助于青春期孩子骨骼和肌肉的生长。

牛肉炒菠菜

菠菜炒制前可先焯一下水，更有利于饮食健康。

• 原料

牛肉150克，菠菜85克，葱段、蒜末各少许

• 调料

盐3克，鸡粉少许，料酒4毫升，生抽5毫升，水淀粉、食用油各适量

• 做法

1 将洗净的菠菜切长段；洗好的牛肉切薄片。

2 把肉片装在碗中，加入1克盐、鸡粉，淋上料酒。

3 放入生抽、水淀粉、食用油，拌匀，腌渍一会儿，待用。

4 用油起锅，放入牛肉，炒至转色。

5 撒上葱段、蒜末，炒香。

6 倒入菠菜，炒散，加入2克盐、鸡粉，炒匀炒透。

7 关火后盛出菜肴，装在盘中即可。

专家点评

菠菜营养丰富，含有维生素C、维生素E、维生素K以及钙、磷、铁等营养成分，具有补血养血、润肠通便、抗衰老、促进生长发育等作用。

胡萝卜炒牛肉

胡萝卜片先在热水里烫一下，能减少其异味。

• 原料

牛肉300克，胡萝卜150克，彩椒、圆椒各30克，姜片、蒜片各少许

• 调料

盐3克，食粉、鸡粉各2克，生抽8毫升，水淀粉10毫升，料酒5毫升，食用油适量

专家点评

牛肉具有增强免疫力、缓解疲劳、滋养脾胃、补中益气等功效，搭配胡萝卜炒制，营养更全面。

看视频 学做菜

• 做法

1 胡萝卜切成片，彩椒切块，圆椒切块，处理好的牛肉切薄片。

2 将牛肉片放入碗中，加1克盐、4毫升生抽、食粉、5毫升水淀粉、食用油，拌匀，腌渍30分钟。

3 锅中注清水烧开，倒入胡萝卜片，加1克盐、食用油，拌匀，煮约1分钟。

4 倒入彩椒、圆椒，煮至断生，捞出焯好的食材，沥干水分，备用。

5 用油起锅，倒入姜片、蒜片，爆香，倒入牛肉，炒至变色。

6 放入焯过水的食材，炒匀，加入1克盐、4毫升生抽、鸡粉、料酒、5毫升水淀粉，翻炒至食材入味。

7 关火后盛出炒好的菜肴，装入盘中即可。

/ 209

金玉猪肉卷

可将卷好的肉卷封口朝下摆在盘中，这样不易蒸散。

• 原料

肉末260克，鸡蛋清35克，千张200克，香菇30克，彩椒10克，白菜叶95克，葱花少许

• 调料

盐3克，鸡粉2克，生抽5毫升，生粉15克，水淀粉、食用油各适量

看视频 学做菜

专家点评

本品具有补血益气、增高助长、润肠胃、强筋骨、补钙等功效，能有效促进青春期孩子长高，还能预防孩子贫血。

• 做法

1　千张切成长方块，香菇切成粒状，彩椒切菱形块，备用。

2　锅中注清水烧开，分别将白菜叶、香菇焯水后捞出，待用。

3　将肉末装碗，加入1克盐、1克鸡粉、2毫升生抽，倒入蛋清、香菇、生粉，拌匀，制成肉馅。

4　取白菜叶，铺开，放入肉馅，卷成卷，封口；取千张铺开，放入肉馅，卷成卷，封口。

5　将做好的千张肉卷生坯、白菜肉卷生坯一起装入蒸盘中，再放入蒸锅中，蒸至熟，取出。

6　用油起锅，注入清水，倒入彩椒，加入3毫升生抽、1克鸡粉、2克盐，拌匀煮沸。

7　倒入水淀粉，调成稠汁，浇在肉卷上，点缀上葱花即可。

珍珠南瓜

- 原料

熟鹌鹑蛋100克，南瓜300克，青椒20克

- 调料

盐、鸡粉各2克，水淀粉4毫升，食用油适量

- 做法

1 去皮的南瓜切菱形块；青椒去籽，切小块。

2 开水锅中倒入南瓜，煮至断生，捞出；锅中再倒入鹌鹑蛋、青椒，略煮片刻，捞出。

3 热锅注油，倒入鹌鹑蛋、青椒、南瓜。

4 加入盐、鸡粉，炒匀调味。

5 倒入水淀粉，翻炒匀，关火后盛出即可。

看视频 学做菜

专家点评

本品适宜肠燥便秘、疲劳乏力、注意力不集中、营养不良、身材瘦小的孩子食用。

虾米干贝蒸蛋羹

- 原料

鸡蛋120克，水发干贝40克，虾米90克，葱花少许

- 调料

生抽5毫升，芝麻油、盐各适量

- 做法

1 鸡蛋打入碗中，加入盐、适量温水，搅匀。

2 蒸锅中注清水烧开，放入蛋液，盖上盖，中火蒸5分钟；揭盖，在蛋羹上撒上虾米、干贝。

3 再盖上盖，续蒸3分钟至入味。

4 揭盖，取出蛋羹，淋上生抽、芝麻油，撒上少许葱花即可。

专家点评

本品有较好的滋补功效，青春期孩子食用，可为骨骼发育补充足够的蛋白质和钙质。

看视频 学做菜

看视频 学做菜

葱椒鱼片

煮鱼片时可以放上少许葱，这样能更好地去除鱼腥味。

- 原料

草鱼肉200克，鸡蛋清适量，花椒、葱花各少许

- 调料

盐、鸡粉各2克，芝麻油7毫升，生粉、食用油各适量

- 做法

1　用油起锅，倒入花椒，炸香，盛出待用。

2　将草鱼肉去除鱼皮，把鱼肉用斜刀切片，装入碗中。

3　加入1克盐、鸡蛋清、生粉，拌匀，腌渍约15分钟。

4　将花椒、葱花剁碎，制成葱椒料，装入碗中。

5　加入1克盐、鸡粉、芝麻油，拌匀，调成味汁。

6　锅中注清水烧开，放入鱼片，煮至熟透，捞出鱼肉，待用。

7　取一个盘子，盛入鱼片，摆放好，再浇上味汁即可。

专家点评

草鱼中富含磷元素，磷是促进骨骼生长及身体组织器官修复的重要营养素，能供给身体能量与活力，参与酸碱平衡调节。因此，多食草鱼能帮助青春期孩子长高。

柠檬蒸乌头鱼

蒸鱼的时候放上些柠檬片，味道会更香。

• 原料

乌头鱼400克，香菜15克，柠檬30克，红椒25克

• 调料

鱼露25毫升

专家点评

柠檬具有生津止渴、祛暑、疏滞、健胃、止痛等功效，特别适合有水肿肥胖症状的青春期孩子食用，还有防治消化不良、增进食欲的作用。

看视频 学做菜

• 做法

1 洗好的红椒切圈，洗净的香菜切末，备用。

2 洗好的柠檬切片，备用。

3 处理干净的乌头鱼斩去鱼鳍，从背部切开。

4 在碗中倒入鱼露，放入部分柠檬片和红椒，调成味汁。

5 取一个蒸盘，放入乌头鱼、部分香菜，放上余下的柠檬片和红椒圈，淋上味汁，待用。

6 蒸锅中注清水烧开，放入蒸盘，盖上锅盖，用中火蒸约15分钟至熟。

7 揭开盖，取出蒸好的乌头鱼，撒上余下的香菜即可。

鲢鱼头炖豆腐

可先将豆腐焯一下水，能使
其口感更紧致。

• 原料

鲢鱼头270克，豆腐200克，
香菜、姜片、葱段各少许

• 调料

盐、鸡粉各2克，胡椒粉1
克，料酒6毫升，食用油少许

看视频 学做菜

专家点评

此品为青春期孩子滋补佳肴。
其中，鲢鱼头能提供丰富的胶
质蛋白，为骨骼发育补充足够
的养分；豆腐富含优质蛋白及
钙、铁等，具有促进骨骼生
长、健脑益智的功效。

• 做法

1 洗好的豆腐切条，再切小方块；洗净的香菜切段。

2 煎锅置于火上，倒入食用油，烧热，放入鲢鱼头，煎至两面断生。

3 放入姜片、葱段，炒出香味；关火后将煎好的鱼头盛入砂锅中，备用。

4 砂锅置于火上，注入温开水，倒入豆腐块，放入香菜梗，加入盐、料酒。

5 盖上盖，烧开后用小火炖约20分钟。

6 揭开盖，加入鸡粉、胡椒粉，拌匀调味。

7 关火后盛出锅中的菜肴，装入碗中，点缀上香菜叶即可。

酱爆虾仁

腌渍虾仁时可淋入适量水淀粉，能使其口感更鲜嫩。

看视频 学做菜

• 原料

虾仁200克，青椒20克，姜片、葱段各少许

• 调料

蚝油20克，海鲜酱25克，盐2克，白糖、胡椒粉各少许，料酒3毫升，水淀粉、食用油各适量

• 做法

1 将洗净的青椒切开，去籽，再切片，备用。

2 将处理干净的虾仁装入碗中，加入盐、胡椒粉，快速拌匀，腌渍约15分钟。

3 用油起锅，撒上姜片，爆香，倒入腌好的虾仁，炒至虾身呈淡红色，放入青椒片。

4 倒入蚝油、海鲜酱，炒匀，加入少许白糖、料酒，炒匀。

5 倒入葱段，再用水淀粉勾芡。

6 关火后盛出炒好的菜肴，装入盘中即可。

专家点评

虾仁中含有钙、磷、钾等多种矿物元素，可为骨骼发育助力；且虾仁为高蛋白、低脂肪的食品，不易导致孩子肥胖。

看视频 学做菜

鲜虾豆腐煲

制作五花肉时可加入少许料酒，这样肉质的色泽会更亮丽。

• 原料

豆腐160克，虾仁65克，上海青85克，五花肉200克，干贝25克，姜片、葱段各少许，高汤350毫升

• 调料

盐2克，鸡粉少许，料酒5毫升

• 做法

1 虾仁去除虾线，上海青切小瓣，豆腐切小块，五花肉切薄片。

2 锅中注清水烧开，倒入上海青，煮至断生，捞出，待用。

3 沸水锅中倒入五花肉，淋入2毫升料酒，煮约1分钟，捞出。

4 砂锅置于火上，倒入高汤，放入干贝，倒入氽过水的肉片。

5 撒上姜片、葱段，淋入3毫升料酒，盖上盖，煮约30分钟。

6 揭盖，加入盐、鸡粉调味，倒入虾仁，放入豆腐块，拌匀。

7 盖上盖，用小火续煮约10分钟；揭盖，放入焯熟的上海青，关火后端下砂锅即可。

专家点评

此道菜食材较多，营养也较全面，适合青春期食欲不佳、营养不良、发育滞后的孩子食用。

奶香果蔬煎三文鱼

煎三文鱼时，火候不要太大，以免煎煳。

• 原料

三文鱼160克，芦笋35克，圣女果50克，巴旦木仁25克，奶油30克

• 调料

料酒3毫升，生粉、盐、黑胡椒粉、橄榄油各适量

专家点评

三文鱼中富含维生素D，能促进机体对钙的吸收，为青春期孩子骨骼的快速发育补充足够的钙质。

看视频 学做菜

• 做法

1 洗净的芦笋切成段，洗好的圣女果对半切开，备用。

2 将三文鱼装入碗中，加入盐、料酒、黑胡椒粉，拌匀，腌渍约15分钟。

3 煎锅置于火上，倒入橄榄油烧热，倒入芦笋，搅匀，煎出香味；关火后盛出食材，待用。

4 锅中留油烧热，放入巴旦木仁，炒香，关火后将其盛出，装入盘中。

5 锅底留油，把鱼肉裹上生粉，放入锅中，煎至两面熟透。

6 关火后盛出煎好的鱼肉，摆入盘中。

7 再浇上奶油，撒上巴旦木仁，点缀上圣女果即可。

干贝芥菜

• 原料

芥菜700克，水发干贝15克，干辣椒5克

• 调料

盐、鸡粉各1克，食粉、食用油各适量

• 做法

1 锅中注清水烧开，加入食粉，倒入芥菜，焯3分钟，捞出焯好的芥菜，放入凉水中。

2 待凉后捞出芥菜，去掉叶子，对半切开。

3 用油起锅，放入切好的干辣椒丝，油炸约2分钟至辣味析出，捞出。

4 锅中注清水，倒入干贝，放入芥菜，煮约2分钟至食材熟透，加入盐、鸡粉，拌匀。

5 关火后捞出煮好的芥菜，装在盘中。

6 再盛出锅中的汤汁，淋在芥菜上即可。

专家点评

芥菜的组织纤维较粗硬，能促进胃肠消化，预防孩子便秘。

山楂麦芽消食汤

• 原料

瘦肉150克，麦芽、山楂各15克，蜜枣10克，陈皮、淮山各1片，姜片少许

• 调料

盐2克

• 做法

1 洗净的瘦肉切成块，备用。

2 锅中注入适量清水烧开，倒入瘦肉，汆片刻，捞出汆好的瘦肉，装盘备用。

3 砂锅中注清水，倒入瘦肉、姜片、陈皮、蜜枣、麦芽、淮山、山楂，拌匀。

4 煮3小时，加入盐，稍稍搅拌片刻至入味即可。

专家点评

猪瘦肉能为青春期孩子的发育提供优质蛋白质和必需的脂肪酸，可促进其长高，常食还能改善孩子缺铁性贫血。

芦笋萝卜冬菇汤

汆排骨时可加入适量料酒，能去腥提味。

看视频 学做菜

• 原料

去皮白萝卜90克，
去皮胡萝卜70克，
水发冬菇75克，芦
笋85克，排骨200克

• 调料

盐、鸡粉各2克

• 做法

1 去皮的白萝卜、胡萝卜分别切滚刀块；芦笋切段；冬菇去
柄，切块。

2 沸水锅中倒入排骨，汆去血水，捞出沥干，装盘待用。

3 砂锅中注清水，倒入排骨、白萝卜、胡萝卜、冬菇块，拌匀。

4 加盖，用大火煮开后转小火续煮1小时；揭盖，倒入芦笋，
搅匀，续煮30分钟至食材熟透。

5 加入盐、鸡粉，拌匀调味。

6 关火后盛出煮好的汤，装入碗中即可。

专家点评

白萝卜、胡萝卜都很适合与排骨、瘦肉这一类食材炖成汤，
不仅味道清甜，还能使营养更容易被机体吸收。

看视频 学做菜

莲藕核桃排骨汤

切好的莲藕要放入凉水中浸泡，以防氧化变黑。

• 原料

排骨块200克，去皮
莲藕160克，核桃仁
75克，枸杞20克，
葱花、姜片各少许

• 调料

盐、鸡粉各2克

• 做法

1 洗净去皮的莲藕切块，备用。

2 锅中注清水烧开，倒入排骨块，汆片刻，捞出待用。

3 砂锅中注清水烧开，倒入排骨块、莲藕块、姜片，拌匀。

4 加盖，大火煮开后转小火煮1小时；揭盖，倒入核桃仁、枸杞，拌匀，大火煮开后转小火续煮30分钟。

5 加入盐、鸡粉，稍稍搅拌至入味。

6 关火后盛出煮好的汤，撒上葱花即可。

专家点评

排骨含有蛋白质、维生素B$_1$、维生素B$_2$以及多种矿物质，具有促进青春期孩子骨骼生长、益精补血等作用，与莲藕和核桃一起煮成汤，还有促进消化、补脑安神的作用。

白玉金银汤

炒制时，最好等香菇析出
水分后再注入清水。

• 原料

豆腐120克，西蓝花35克，鸡
蛋1个，鲜香菇30克，鸡胸肉
75克，葱花少许

• 调料

盐3克，鸡粉2克，水淀粉、
食用油各适量

专家点评

青春期孩子学习压力大，
常食本品可起到健脾养
胃、清热润燥、促进消
化、补脑壮骨等功效。

看视频 学做菜

• 做法

1　香菇切粗丝，西蓝花切成小朵，豆腐切小方块，鸡胸肉切成肉丁，鸡蛋打入碗中。

2　将鸡肉丁装碗，放入1克盐、1克鸡粉、水淀粉、食用油，拌匀，腌渍10分钟至入味。

3　锅中注清水烧开，将西蓝花、豆腐块分别焯水后捞出，待用。

4　用油起锅，倒入香菇丝，翻炒片刻，注入适量清水，加入2克盐、1克鸡粉，搅拌匀。

5　倒入鸡肉丁、豆腐块，拌匀，待汤汁沸腾时放入西蓝花。

6　倒入水淀粉、鸡蛋液，用中小火煮约3分钟。

7　关火后盛出煮好的汤，装入碗中，撒上葱花即可。

黑豆核桃乌鸡汤

如果孩子喜欢食甜，可以加入少量冰糖。

• 原料

乌鸡块350克，水发黑豆80克，水发莲子、核桃仁各30克，红枣25克，桂圆肉20克

• 调料

盐2克

看视频 学做菜

专家点评

本品具有较好的益智、增高、补血作用，处于生长发育快速期的孩子适当食用，能改善体虚乏力、营养不良、注意力不集中、失眠烦躁等症状，还能预防孩子缺铁性贫血。

• 做法

1 锅中注入适量清水烧开。

2 倒入处理干净的乌鸡块，搅匀，汆片刻。

3 关火，捞出汆好的乌鸡块，沥干水分，装盘待用。

4 砂锅中注入适量清水，倒入乌鸡块、黑豆、莲子、核桃仁、红枣、桂圆肉，拌匀。

5 加盖，大火煮开转小火煮3小时至食材熟软。

6 揭盖，加入盐，搅拌片刻至入味。

7 关火后盛出煮好的汤，装入碗中即可。

苹果红枣鲫鱼汤

鲫鱼处理干净后，要把鱼身上的水擦干，这样煮制时才不容易掉皮。

看视频 学做菜

• 原料

鲫鱼500克，去皮
苹果200克，红枣20
克，香菜叶少许

• 调料

盐3克，胡椒粉2克，
水淀粉、料酒、食
用油各适量

• 做法

1 洗净的苹果去核，切成块，备用。

2 往鲫鱼身上撒上1克盐，抹匀，淋入料酒，腌渍10分钟。

3 用油起锅，放入鲫鱼，煎约2分钟至金黄色。

4 注入适量清水，倒入备好的红枣、苹果，大火煮开，加入2克盐，拌匀。

5 加盖，中火续煮5分钟至入味。

6 揭盖，加入胡椒粉，拌匀，倒入水淀粉，拌匀。

7 关火后盛出煮好的鲫鱼汤，再撒上香菜叶即可。

专家点评

鲫鱼含有丰富的优质蛋白质，能促进青春期孩子的骨骼生长和发育，可常食。

红薯莲子银耳汤

泡好的银耳要切去其黄色根部，以免影响口感。

• 原料

红薯130克，水发莲子150克，水发银耳200克

• 调料

白糖适量

专家点评

红薯含有大量膳食纤维，能增强胃肠蠕动，通便排毒。青春期孩子适量吃红薯能有效改善消化不良、食欲不振等症状，从而促进身体发育。

看视频 学做菜

• 做法

1 将泡好的银耳切去根部，撕成小朵；红薯切丁。

2 砂锅中注入适量清水烧开，倒入备好的莲子、银耳。

3 盖上盖，烧开后改小火煮约30分钟；揭盖，倒入红薯丁，拌匀。

4 再盖上盖，用小火续煮约15分钟。

5 揭盖，加入少许白糖，拌匀。

6 转中火，煮至白糖溶化。

7 关火后盛出煮好的银耳汤，装在碗中即可。

橘子酸奶

• 原料

橘子肉70克，橘子汁25毫升，酸奶200毫升

• 调料

蜂蜜适量

• 做法

1 处理好的橘子肉切成小块，备用。

2 取一个小碗，放入切好的橘子肉，倒入备好
的酸奶。

3 再加入橘子汁，淋入适量蜂蜜，搅拌片刻，
使味道混合均匀。

4 另取一个玻璃杯，倒入拌好的酸奶即可。

专家点评

橘子具有开胃消食、增强免疫力等功效，适
宜消化不良、免疫力低下的孩子食用。

果仁酸奶

• 原料

巴旦木仁35克，腰果、核桃仁各40克，葡萄干
35克，酸奶300毫升

• 做法

1 把果仁装入榨汁机干磨杯中，套上干磨刀
座，再拧在榨汁机上。

2 选择"干磨"功能，把果仁磨成粉末状，倒
入碗中，待用。

3 砂锅中注清水，放入葡萄干、酸奶，搅拌
匀，煮至沸。

4 放入果仁粉末，拌匀，续煮片刻。

5 关火后将煮好的食材盛出，装入碗中即可。

专家点评

本品具有改善大脑功能、提高记忆力、缓解
疲劳、增高促长、润肠通便等功效。

附录 1　专家连线

 哪些孩子可能面临身高矮小的问题？

专家连线： 孩子个子不高，是由很多方面的原因导致的。以下情况符合越多，孩子成年后个子矮小的概率越高。

1.父母身高偏矮，如爸爸身高在165厘米以下，妈妈身高在155厘米以下。

2.宝宝出生时的体重在3千克以下。

3.妈妈在妊娠期间精神状态或身体状况不太好，或妊娠期间滥用药物、过度饮酒、吸烟或曾经感染过病原体等。

4.孩子经常偏食、挑食，或偏爱快餐，营养摄入不均衡。

5.孩子体弱多病，常出现食欲不振、消化不良、腹泻、便秘等症。

6.孩子长期睡眠不足或睡眠质量不好。

7.孩子生活环境恶劣或长期背负较大的压力。

8.青春期发育前孩子每年的身高增长不足5厘米。

 如何给孩子补钙效果更好？

专家连线： 有些家长虽注重给孩子补钙，甚至一天给孩子3、4克钙，但孩子仍然有缺钙的表现。究其原因，是有些因素影响了钙质的吸收。怎样正确给孩子补钙？家长要注意以下几点：①若补充钙剂，不宜与油脂类食物和植物性食物同食。植物性食物，如全麦片、菠菜、苋菜等，含有阻碍钙吸收的物质；油脂分解后生成的脂肪酸与钙结合后也不容易被吸收。②每餐不吃过多的肉、蛋。各种肉类、蛋类中含有的磷酸盐较多，与钙结合后，会影响钙的吸收。③补钙的同时需要补充维生素D，而且最好用食补、晒太阳或服用鱼肝油的方式补充，不要让孩子直接服用纯维生素D，以免摄入维生素D过量引起中毒。④补钙时间最好安排在临睡前，且剂量不宜过多。

03 多吃营养品就能长高吗?

专家连线:一些家长看到孩子长得瘦小、不爱吃饭,不去详细了解孩子厌食的真正原因,而选择盲目给孩子服用保健品,或为了让孩子少生病,就自作主张给孩子吃一些"增强免疫力""长高长壮"的补品。殊不知,不少滋补品含有大量激素,容易把孩子过早"催熟"。而性早熟的孩子,由于受性激素的影响,骨骼发育会超前,虽然儿童期身材较同龄人偏大,成人后身材却比同龄人矮小。因此,家长一定要注意不要胡乱给孩子吃一些营养品,最好通过日常饮食进行调理,或在医生的指导下适当选用营养素制剂。

04 所有的运动都能增高吗?

专家连线:运动是"纯天然""低成本"的增高法,还有助于身体的健康。然而,所有的运动都能增高吗?当然不是。若运动方法或操作方式不对,则反受其害,不利于生长发育。例如有些运动就是不但对长高没有帮助,反而会对孩子的生长产生负面影响,如举重、相扑、摔跤等。而且如果运动过于剧烈,孩子过多的体力消耗可能会超过营养供给,不但不能提供骨骼和肌肉生长所需的养分,就连身体的正常发育也会受到影响。因此,想要长高,必须选择合适的运动,如游泳、跳舞、打篮球等,并适当讲究运动技巧。

05 如何为青春期的孩子减压?

专家连线:首先,家长要正确理解和接受孩子内心的痛苦和不安,及时发现孩子表现出的异常状况,如笑容变少了,经常躲在房间不出来等;其次,要全面看待孩子。如果察觉到孩子的痛苦和不安,要心态平和,不要把孩子承担的问题放大,在孩子现有的状态中发现他的优缺点,鼓励孩子充分表达自己的感情和想法,与孩子共享这种感觉;第三,耐心倾听孩子的心声,多观察,少干预,让孩子有勇气看到自己的缺点和不足,引导和帮助孩子自己解决问题。

附录 2 常见食物营养成分表

食物	热量（千卡）	糖类（克）	蛋白质（克）	脂肪（克）	维生素 A（微克 RE）	维生素 B₁（毫克）	维生素 B₂（毫克）	维生素 C（毫克）	钙（毫克）	铁（毫克）	磷（毫克）
冬瓜	11	2.6	0.4	0.2	13	0.01	0.02	18	19	0.2	12
苦瓜	19	4.9	1	0.1	17	0.07	0.04	56	14	0.7	35
南瓜	22	5.3	0.7	0.1	148	0.05	0.06	8	16	0.4	24
丝瓜	20	4.2	1	0.2	15	0.02	0.04	5	14	0.4	29
西葫芦	18	3.8	0.8	0.2	5	0.01	0.03	6	15	0.3	17
大白菜	15	3	1.4	0.1	13	0.02	0.01	47	69	0.5	30
上海青	23	3.8	1.8	0.5	103	0.02	0.05	36	108	1.2	39
菜花	24	4.6	2.1	0.2	5	0.04	0.04	61	23	1.1	47
菠菜	24	4.5	2.6	0.3	487	0.04	0.13	32	66	2.9	47
芹菜	14	3.9	0.8	0.1	10	0.01	0.02	12	48	0.8	50
生菜	13	2	1.3	0.3	298	0.03	0.06	13	101	0.9	27
苋菜	31	5.9	2.8	0.4	248	0.03	0.12	30	73	2.9	63
茼蒿	21	3.9	1.9	0.3	252	0.04	0.09	18	154	2.5	36
莴笋	14	2.8	1	0.1	25	0.03	24	4	23	0.9	48
空心菜	20	3.6	2.2	0.3	253	0.03	0.08	25	99	2.3	38
莲藕	70	16.4	1.9	0.2	3	0.04	0.01	44	39	1.4	58
胡萝卜	37	8.8	1	0.2	688	—	0.02	13	32	1	27
扁豆	37	8.2	2.7	0.2	25	0.05	0.06	13	38	1.9	54
四季豆	28	5.7	2	0.4	35	0.02	0.05	6	42	1.5	51
豌豆	105	21.2	7.4	0.3	37	0.22	0.09	14	21	1.7	127
豇豆	29	5.8	2.7	0.2	20	0.06	0.05	18	42	1	50
黄豆芽	44	4.5	4.5	1.6	5	0.04	0.07	8	21	0.9	74
绿豆芽	18	2.9	2.1	0.1	3	0.05	0.06	6	9	0.6	37
茄子	21	4.9	1.1	0.2	8	0.03	0.03	5	24	0.5	23
西红柿	19	4	0.9	0.2	92	0.02	0.01	19	10	0.4	23
青椒	23	5.8	1.4	0.3	57	0.02	0.02	62	15	0.7	33
甜椒	22	5.4	1	0.2	57	0.02	0.02	72	14	0.8	20
土豆	76	17.2	2	0.2	5	0.10	0.02	27	8	0.8	40
红薯	104	25.2	1.4	0.2	37	0.05	0.01	24	24	0.8	46

食物	热量（千卡）	糖类（克）	蛋白质（克）	脂肪（克）	维生素A（微克RE）	维生素B₁（毫克）	维生素B₂（毫克）	维生素C（毫克）	钙（毫克）	铁（毫克）	磷（毫克）
黄豆	359	34.2	35	16	37	0.11	0.22	—	191	8.2	465
豆腐	81	4.2	8.1	3.7	—	0.04	0.03	—	164	1.9	119
豆腐脑	15	0	1.9	0.8	—	0.04	0.02	—	18	0.9	5
豆浆	14	1.1	1.8	0.7	15	0.02	0.02	—	10	0.5	30
豆腐干	140	11.5	16.2	3.6	—	0.03	0.07	—	308	4.9	273
小麦面粉（标准粉）	344	73.6	11.2	1.5	—	0.46	0.05	—	31	3.5	188
挂面（富强粉）	347	76	9.6	0.6	—	0.13	0.04	—	21	3.2	112
馒头（标准粉）	233	49.8	7.8	1	—	0.05	0.07	—	18	1.9	136
大米	346	77.9	7.4	0.8	—	0.11	0.05	—	13	2.3	110
小米（黄）	358	75.1	9	3.1	17	0.32	0.06	—	41	5.1	229
玉米粒（黄、干）	298	79.2	8	0.8	17	0.03	0.02	—	—	—	—
玉米面（黄）	335	73	8.7	3.8	17	0.07	0.04	—	14	2.4	218
荞麦面	329	70.2	11.3	2.8	3	0.26	0.10	—	71	7.0	243
苹果	52	13.5	0.2	0.2	3	0.06	0.02	4	4	0.6	12
梨	44	13.3	0.4	0.2	6	0.01	0.04	6	9	0.5	14
桃	48	12.2	0.9	0.1	3	0.01	0.03	7	6	0.8	20
杏	36	9.1	0.9	0.1	75	0.02	0.03	4	14	0.6	15
枣（鲜）	122	30.5	1.1	0.3	40	0.06	0.09	243	22	1.2	23
葡萄	43	10.3	0.5	0.2	8	0.04	0.02	25	5	0.4	13
草莓	30	7.1	1	0.2	5	0.02	0.03	47	18	1.8	27
橙	47	11.1	0.8	0.2	27	0.05	0.04	33	20	0.4	22
柚	41	9.5	0.8	0.2	2	—	0.03	23	4	0.3	24
菠萝	41	10.8	0.5	0.1	3	0.04	0.02	18	12	0.6	9
香蕉	91	22	1.4	0.2	10	0.02	0.04	8	7	0.4	28
芒果（大头）	50	12.9	0.5	0.1	347	0.03	0.01	14	7	0.5	12
无花果（干）	361	77.8	3.6	4.3	1	0.13	0.07	5.2	363	4.5	67
栗子仁（熟）	174	45.7	4.5	1.5	—	0.08	0.12	—	9	1.1	105
腰果（熟）	594	20.4	24	50.9	—	0.24	0.13	—	19	7.4	639
松子（熟）	530	40.3	12.9	40.4	—	0.14	0.17	—	14	3.9	453
猪肉（瘦）	143	1.5	20.3	6.2	44	0.54	0.10	—	6	3	189
猪肾	96	1.4	15.4	3.2	41	0.31	1.14	13	12	6.1	215
猪肉（里脊）	150	0	19.6	7.9	—	0.32	0.20	—	6	1.5	184

食物	热量（千卡）	糖类（克）	蛋白质（克）	脂肪（克）	维生素 A（微克 RE）	维生素 B₁（毫克）	维生素 B₂（毫克）	维生素 C（毫克）	钙（毫克）	铁（毫克）	磷（毫克）
牛肉（瘦）	106	1.2	20.2	2.3	6	0.07	0.13	—	9	2.8	172
牛肉干	550	1.9	45.6	40	—	0.06	0.26		43	15.6	464
羊肉（肥瘦）	203	0	19	14.1	22	0.05	0.14	—	6	2.3	146
羊肉串（电烤）	234	6	26.4	11.6	42	0.03	0.32	—	52	6.7	230
鸡	167	1.3	19.3	9.4	48	0.05	0.09		9	1.4	156
鸡胸脯肉	133	2.5	19.4	5	16	0.07	0.06		3	0.6	214
鸡翅	194	4.6	17.4	11.8	68	0.01	0.11		8	1.3	161
鸡腿	181	0	16	13	44	0.02	0.14		6	1.5	172
烤鸡	240	0.1	22.4	16.7	37	0.05	0.19		25	1.7	136
鸭	240	0.2	15.5	19.7	52	0.08	0.22		6	2.2	122
盐水鸭（熟）	313	2.8	16.6	26.1	35	0.07	0.21		10	0.7	112
鲫鱼	108	3.8	17.1	2.7	17	0.08	0.06		79	1.3	193
带鱼	127	3.1	17.7	4.9	29	0.02	0.08		28	1.2	191
虾仁	198	0	43.7	2.6	21	0.01	0.02		555	11	666
鸡蛋（白皮）	138	1.5	12.7	9	310	0.09	0.31		48	2	176
鸡蛋（煮）	151	0.1	12.1	10.5	147	0.04	0.39		35	1.7	206
鸭蛋	180	3.1	12.6	13	261	0.17	0.35		62	2.9	226
松花蛋（鸭）	171	4.5	14.2	10.7	215	0.06	0.18		63	3.3	165
牛乳	54	3.4	3	3.2	24	0.03	0.14	1	104	0.3	73
全脂奶粉	504	39	24	28	630	—	1.10		930	—	720
酸奶	72	9.3	2.5	2.7	26	0.03	0.15	1	118	0.4	85
酸奶（中脂）	64	8	2.7	1.9	32	0.02	0.13	1	81	—	59
酸奶（果粒）	97	14.6	3.3	2.9	—	0.03	0.18	1	61	0.1	103
春卷	463	34.8	6.1	33.7	—	0.01	0.01		10	1.9	94
奶油蛋糕	378	56.5	7.2	13.9	175	0.13	0.11	—	98	2.3	90
蛋黄酥	386	76.9	11.7	3.9	33	0.15	0.04		47	3	181
可可粉	320	54.5	20.9	8.4	22	0.05	0.16		74	1	623
可口可乐	43	10.8	0.1	0	0	0	0	0	3	0	13
橘子汁	119	29.6	—	0.1	2	0	0	2	4	—	0.1
鲜橘汁（纸盒）	30	7.4	0.1	—	3	0.04	0		7	—	0.1

（参考《婴幼儿每日营养配餐》附录营养成分表）可食部分每100克含量

注：1千卡≈4千焦。